내 아이
천재로 키우는
공부방의
비밀

야노 케이조 지음 · **황미숙** 옮김

어떻게 짓고, 어떻게 사느냐에 따라 집은

아이의 재능을 무한히 이끌어낼 수 있는

본질적인 요소가 가득한 곳이 될 수 있다.

들어가기

집과 양육은 떼어 놓을 수 없다

'아이가 똑똑하게 자랐으면.'

'훗날 아이가 꿈을 이룰 수 있는 대학에 들어갔으면.'

'적어도 남들만큼은 성적이 나왔으면.'

'부모와 무슨 이야기든 나눌 수 있는 밝은 아이로 자랐으면.'

'아이가 재능을 꽃피우고 행복해진다면.'

'무럭무럭 건강하게만 자라준다면.'

아이를 위하는 부모의 마음은 끝이 없다. 집을 짓는 이유 역시 아이들을 위해서라는 사람들도 적지 않은데, 이것은 비단 인간에게만 해당되지는 않는다. 어떤 동물이든 새끼가 생기면 보금자리를 만들려는 본능을 가지고 있기 때문이다.

20세기 후반, 경제 성장을 이룩한 뒤 사람들의 주거환경은 놀라울 정도로 풍요로워졌다. 하지만 그와 동시에 '소년 범죄', '은둔형 외톨이', '캥거루 족'과 같은 현상도 나타났다. 그러면서 많은 전문가는 집이 아이들에게 미치는 영향에 관심을 갖기 시작했다. 이전까지 집이 아이들의 성장에 끼치는 영향에 대해 거의 모른 채 살아온 것을 생각하면, 지금이 오히려 집을 더 잘 이해할 수 있는 좋은 기회가 된 셈이라고 할 수 있다.

요즘은 잡지를 비롯해 인터넷과 텔레비전을 중심으로 '똑똑한 아이로 키우기 위한 주거환경', '아이를 똑똑하게 키우는 법', '성적을 올려 원하는 대학에 들어가게 하기 위한 집 구조'와 같은 정보가 빈번히 등장하고 있다. 사실 시대적인 배경을 생각하면 그것이 필연적인 흐름이다. 그리고 실제로 이러한 정보 속에 아이의 재능을 끌어낼 수 있는 힌트가 들어 있다.

그런데 이렇듯 활발한 논의가 이루어지고 있는데도 집안에 은둔하는 아이들이 끊임없이 나타나고 있다. 또 충동적으로 폭발하는 아이들, 정서가 불안한 아이들이 수업시간에 큰 소리로 이야기하는 등의 문제도 매년 늘어나고 있는 추세다.

중학교나 고등학교에 들어가면서 갑자기 성적이 떨어지는 아이, 지망하던 학교에 들어가지 못하고 2지망 학교에 입학했지만 등교를 거부하더니 그대로 집밖으로 나오지 않는 아이 등 걱정스러운 일이 끊이지 않는다. 어째서 우리는 많은 육아 정보를 손에 넣을 수 있는데도 그것을 활용하지 못하는 것일까?

그 이유 중 하나는 정보 과잉으로 인한 혼란을 들 수 있다. 예를 들어, 아이의 방은 개방된 것이 좋은지 아니면 문을 닫고 혼자만의 시간을 가질 수 있도록 하는 것이 좋은지에 대한 논의 역시 생각하기에 따라 달라서 딱히 무엇이 더 좋다고 할 수 없다.

최근에는 아이를 개방적인 사람으로 키우고 싶고, 아이의 인기척을 느끼고 싶어서 개방된 방을 선호하는 사람들이 많다. 그러나 개방된 방의 배치나 구조가 아이의 성격과 자질에 따라서는 침착함이 부족하고 산만한 성격을 조장하게 될 가능성이 있다. 즉, 정보의 한 면만을 보고 그대로 받아들여 활용하면 아이의 성격이나 자질과는 맞지 않을 수도 있다는 이야기다. 이때 중요한 것이 바로 자신의 가족과 아이의 자질에 맞게 집을 활용하는 일이다.

나는 지금까지 많은 집을 설계하면서 아이가 집과 잘 맞았을 때 스스로의 재능을 충분히 발휘하는 모습을 숱하게 보아왔다. 어떻게 짓고, 어떻게 사느냐에 따라 집은 아이의 재능을 무한히 이끌어낼 수 있는 본질적인 요소가 가득한 곳이 될 수 있다.

아이들을 활기차게 만드는 집은 따로 있다

나는 '행복이 자라는 집'을 만들기 위해 매일 노력하는 건축가, 1급 건축사이다. 여태껏 집과 관련된 상담을 많이 해왔다. 그중 집을 함께 지은 가족으로는 초등학교 1학년인 남자아이와 중학생과 고등학생인 여자아이가 있는 5인 가족이었다. 이 가족의 집이 '재능이 쑥쑥 자라는 집', '우리 아이의 자립심을 키우는 집'으로 텔레비전에 소개되면서 보도진이 취재를 왔을 때의 일이다.

텔레비전 카메라가 돌아가는 와중에도 집중력을 발휘하며 공부를 계속하는 남자아이, 그리고 "우리는 커서 각자 영양사와 조리사의 길을 걸을 거예요!"라며 당당하게 말하는 중학생과 고등학생인 자매. 그런 모습을 본 엄마도 "이 집으로 옮겨온 후로 아들의 집중력이 몰라보게 향상되어 놀라울 따름이에요. 딸들도 이곳에 자주 놀러오는 요리연구가 친구의 이야기를 항상 듣다 보니 요리와 관련된 꿈을 꾸게 된 것 같아요. 꿈을 이야기하는 딸들의 모습을 보면 정말 행복해요."라며 기쁘게 말했다.

나는 이 가족처럼 집을 짓고 자녀들이 자신의 꿈을 찾거나 재능을 발휘하기 시작하면서 가족 전원이 행복해지는 모습을 수없이 많이 보아왔다. 반대로 아이들 때문에 고민을 하는데도 부모 자식 간의 관계가 원만하지 못한 경우를 보며 마음 아파한 적도 있다. 이렇듯 아이들이 가족 전체의 행복에 미치는 영향은 너무나도 크다.

물론 '어떻게 하면 아이가 공부를 더 열심히 할 수 있는 방과 환경을 만들 수 있을까?'라는 근시안적인 생각에 빠져 있는 부모가 많은 것도 사실이다. 그래서 이 책에 쓴 내용을 상담하러 온 분들에게 설명했더니 "집이 아이들에게 그렇게 큰 영향을 주는지 상상도 못 했어요.", "공부를 잘할 수 있는 환경만 만들면 된다고 생각했는데, 주거환경이 아이의 성격 형성에도 영향을 준다니 놀라워요."라는 의견이 많았다.

나는 아이의 재능을 끌어내고, 꿈을 발견하게 하며, 집중력을 높여 공부를 잘하게 만드는 집을 두고 '아이를 천재로 키우는 집'이라는 표현을 썼다. '천재'라고 하면 특별한 재능을 가진 사람들만을 떠올릴지도 모르겠다. 하지만 나는 '아이가 가진 본래의 재능을 깨닫고 설렘 속에서 그것에 매진하는 상태'가 실로 천부적인 재능이라고 생각한다.

이 책 속에서 나는 세상에 넘쳐나는 정보 속에서 아이의 재능을 끌어내줄 주거환경의 중요한 핵심을, 이 분야를 깊이 연구한 건축사의 입장에서 통합적인 관점으로 소개하고자 한다. 이 책이 '집'이라는 공간에 대해 고민하는 사람들과 앞으로 집을 마련하려는 이들에게 안내서와도 같은 역할을 하게 되기를 바란다.

프롤로그

똑똑한 아이로 키우고 싶다면 공부방부터 없애라

아이가 집에서 공부를 하기 시작하는 때는 유아기에서부터 초등학교에 들어간 이후 등 시기가 다양한데, 부모는 그 모습을 보고 우리 아이가 공부를 좋아하는지 어떤지를 판단한다. '아, 이 아이는 의외로 공부를 좋아하는구나', '공부를 정말 싫어하는 것 같네, 이대로 두면 나중에 큰일이겠어'라고 생각하는 것이다. 그런데 놀랍게도 공부를 싫어하는 것처럼 보이는 초등학생, 중학생 정도의 아이들 중 정말로 공부를 싫어하는 경우는 의외로 적다.

예를 들어, 식탁에서 공부를 시작하려는 아이에게 "책상도 사줬으니 공부하려면 방에서 하도록 해!"라고 말했다고 해보자. 아이는 시무룩한 표정으로 방으로 들어간다. 하지만 조금도 공부를 할 마음이 생기지 않는다. 대개 이 나이까지는 늘 엄마와 함께 있고 싶기 때문이다.

부모의 입장에서 보자면 방에 들어가도 전혀 공부를 하려고 하지 않고 의욕이 보이지 않으니 '이 아이는 공부하기 싫은 걸까?'라고 생각할지도 모른다. 하지만 아이의 입장에서 보면 이런 방정식이 성립되어 있다.

'공부'

↓

'방 안에 들어가서 혼자 있는 것'

'엄마와 같이 있지 못하게 하는 것'

↓

'공부는 나의 적'

이 시기의 아이에게는 그런 심경을 구체적으로 언어화해서 부모에게 전달하는 능력이 아직 부족하다. 그래서 "공부하기 싫어."라면서 울음을 터뜨리거나 몸을 배배 꼬는 것이다. 단란한 분위기의 가족에게서 혼자만 동떨어져 공부를 한다는 행위 자체가 싫은 것이라고 보면 된다.

이처럼 부모의 마음은 아이들에게 더 좋은 환경을 만들어주고 공부를 하게 하려는 것이지만, 정작 아이는 '공부=함께 있을 수 없다'라는 생각 때문에 공부를 멀리하게 된다. 그야말로 주객이 전도된 이런 상황은 부모와 자식의 관계를 삐걱거리게 하며 악순환을 초래할 뿐이다.

이렇게 생각하면 '공부방이란 정말로 필요한 것일까?' 하는 의구심이 들 것이다. 나는 이 책을 통해 공부방이 아이의 성장에 미치는 영향에 대해 알아보고, 아이들에게 정말로 필요한 주거환경이 무엇인지 함께 찾아나가고자 한다.

집은 아이에게 어떤 영향을 줄까?

앞서 머리말에서도 적었지만 인간 이외의 동물은 새끼가 생겼을 때 보금자리를 만든다고 한다. 인간도 동물의 일종이라고 볼 때 집에서 '아이를 키우는' 행위가 큰 의미를 차지한다고 할 정도로 양육과 주거환경은 밀접하게 연관되어 있다.

다만, 인간의 집은 다른 동물의 보금자리와 달리 필요 없어지면 버리고 또 만들기가 쉽지 않다. 미국의 경우에는 생활양식이나 가족 구성에 맞춰 주거지를 옮기는 문화와 그것을 가능하게 하는 중고 주택시장이 있어서 비교적 집을 바꾸기가 쉽다.

하지만 우리의 사정은 다르다. 한번 구입한 집을 팔려고 하면 가격이 떨어지기 때문에 옮기기가 쉽지 않다. 게다가 집을 빌리는 경우에도 기본적인 표준 구조가 정해져 있다 보니 각각의 생활양식에 딱 맞는 곳을 찾기가 수월하지 않다. 그러니 한번 집을 사면 기본적으로 몇 십 년은 그곳에서 살 것을 생각해야 한다.

1960년대 무렵부터 고도의 경제성장을 이룬 뒤 '한 가족 한 집!'이라는 슬로건 하에 수십 년 동안 집을 대폭 늘려왔다. 그리고 집의 수가 포화 상태가 된 후부터 '은둔형 외톨이'나 '자립하지 않고 부모에게 기대어 사는 자녀들'이 문제가 되었다.

최근에는 흉악범죄를 저지르는 소년들이 나타나면서 그들이 어떤 구조의 집에 살았는지가 주목을 받고 있다. 집의 구조가 어떤 영향을 주었는지에 대한 관심이 모아지고 있는 것이다.

그런데 그중에는 같이 사는 부모조차 모르게 집 안에서 사건을 저지른 경우도 있었다. 기본적으로 가족 관계나 부모 자식 관계에 큰 요인이 있다고 생각되지만, 그밖에도 가족과 소통하지 않고 혼자 있을 수 있도록 만들어진 집의 구조나 다 함께 모일 장소가 없는 주거환경이 가족의 분열을 초래했다고 여겨진다.

많은 사람은 이러한 문제에 대해 막연히 집의 구조가 영향을 주었을 것이라고 생각한다. 하지만 구체적으로 주거환경이 아이의 성격 형성에 어떤 영향을 주는지에 대해 체계적인 지식을 얻을 기회는 적다. 또 자신이 모은 정보를 바탕으로 아이를 잘 키우려고 너무 애쓴 나머지, 공부를 잘하도록 공부방에 밀어 넣었다가 오히려 가족과 소통이 단절되는 결과를 초래한 경우도 적지 않다.

아이에게 최적의 공부 장소는 어디일까?

공간이 아이의 능력을 키운다는 관점에서 보면, 성적이 좋은 아이가 집의 '어디'에서 공부하는지는 매우 중요하고 흥미로운 사실 중 하나다. 당신은 똑똑한 아이들이 과연 어디에서 가장 많이 공부한다고 생각하는가? 이전에 세미나에서 이런 질문을 했더니 '자기 방', '거실', '학원' 등의 답이 나왔는데 가장 많은 아이가 가족들이 식사를 하는 공간, 즉 식탁에서 공부한다고 말했다.

최근에는 이러한 정보가 많이 등장해서인지 식탁에서 공부를 시키려는 부모가 늘고 있다. 하지만 그보다 먼저 어째서 그곳에서 공부하는 것이 좋다고 하는지 알아야 한다. 식탁에서 하는 공부가 학교의 성적과 어떻게 연관되는지에 대한 이유를 알지 못하면 당신의 자녀는 같은 곳에서 공부를 시켜도 좋은 결과를 낼 수 없을지도 모른다.

거기에는 명확한 심리적인 배경이 존재한다. '아이가 생각하는 엄마의 존재'가 깊이 연관되어 있기 때문이다. 심리학적으로도 아이는 엄마 곁에 있으면 안심하고 잘 모르는 것에 도전할 수 있다고 한다. “내가 눈을 떼면 그 사이에 무엇을 할지 걱정이 되어서 아이한테서 눈을 못 떼겠다.”라고 말하는 엄마도 있지만, 사실 엄마의 눈에서 멀어진 장소에서 아이는 불안해져 일반적으로는 이미 아는 것밖에 하지 못한다고 한다. 이는 건축사로서도 매우 흥미로운 이야기다.

이를 통해서도 알 수 있듯이 아이는 엄마 곁에 있을 때 안심하고 미지의 일에 도전하는 습관을 갖기 쉽다. 또한 공부하다 모르는 것을 발견해도 도전하려는 향상심을 가지게 된다. 또 하나, 아이에게는 ‘엄마가 나를 봐주었으면’ 하는 욕구가 있다. 특히 아이들은 자신이 도전하는 모습을 제일 먼저 엄마에게 보여주고 싶어 한다.

여기까지 읽고 ‘아빠는 안 되나?’ 하고 생각하는 분도 있을 것이다. 심리학적으로 엄마는 하나의 상징이고, 더 구체적으로 말하면 아이는 안심시켜주고 지켜봐주는 존재에게 반응한다. 최근에는 부부의 역할이 역전된 경우나 혼자서 아이를 키우는 가정도 있으니 반드시 그 존재를 엄마라고 규정할 필요는 없다.

이처럼 단순히 식탁에서 공부하는 것이 좋다는 것은 표면적인 답일 뿐이고, 주거환경을 고려할 때 심리학적 요소도 중요하다는 것을 알 수 있다. 그런 측면에서 보면 '아이가 부모의 존재를 느끼면서 안심하고 도전할 수 있는 곳이 과연 집의 어디인가?'라는 점이 핵심이다. 차차 공부방이 어째서 제대로 기능하지 못하는지, 또 어떻게 아이의 의욕을 꺾고, 부모와 자식의 관계에 악영향을 끼치는 배경에는 어떤 것이 있는지 눈에 들어올 것이다.

차례

제2부

창의적인 아이로 키우는 집의 비밀

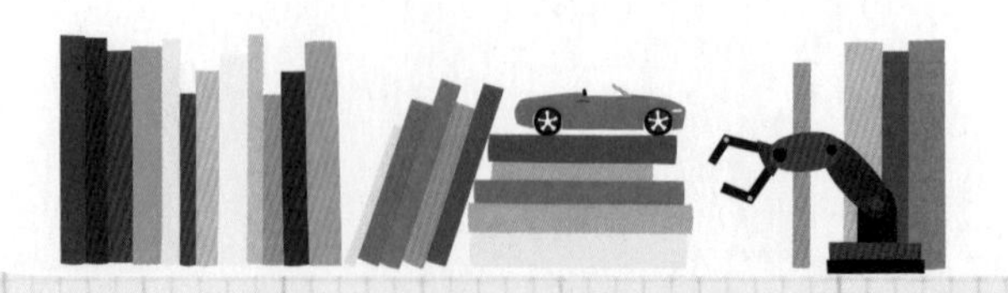

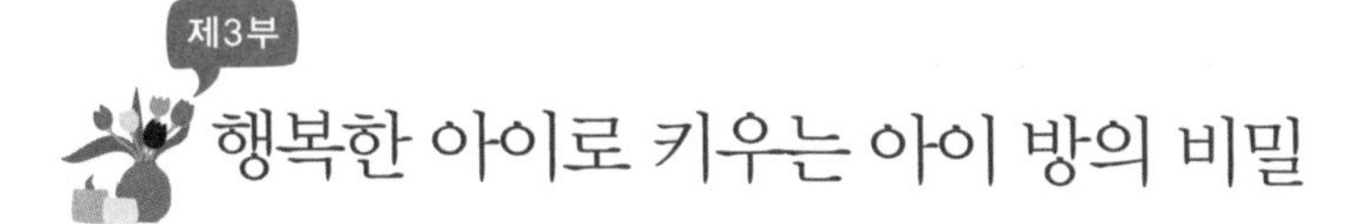

제3부

행복한 아이로 키우는 아이 방의 비밀

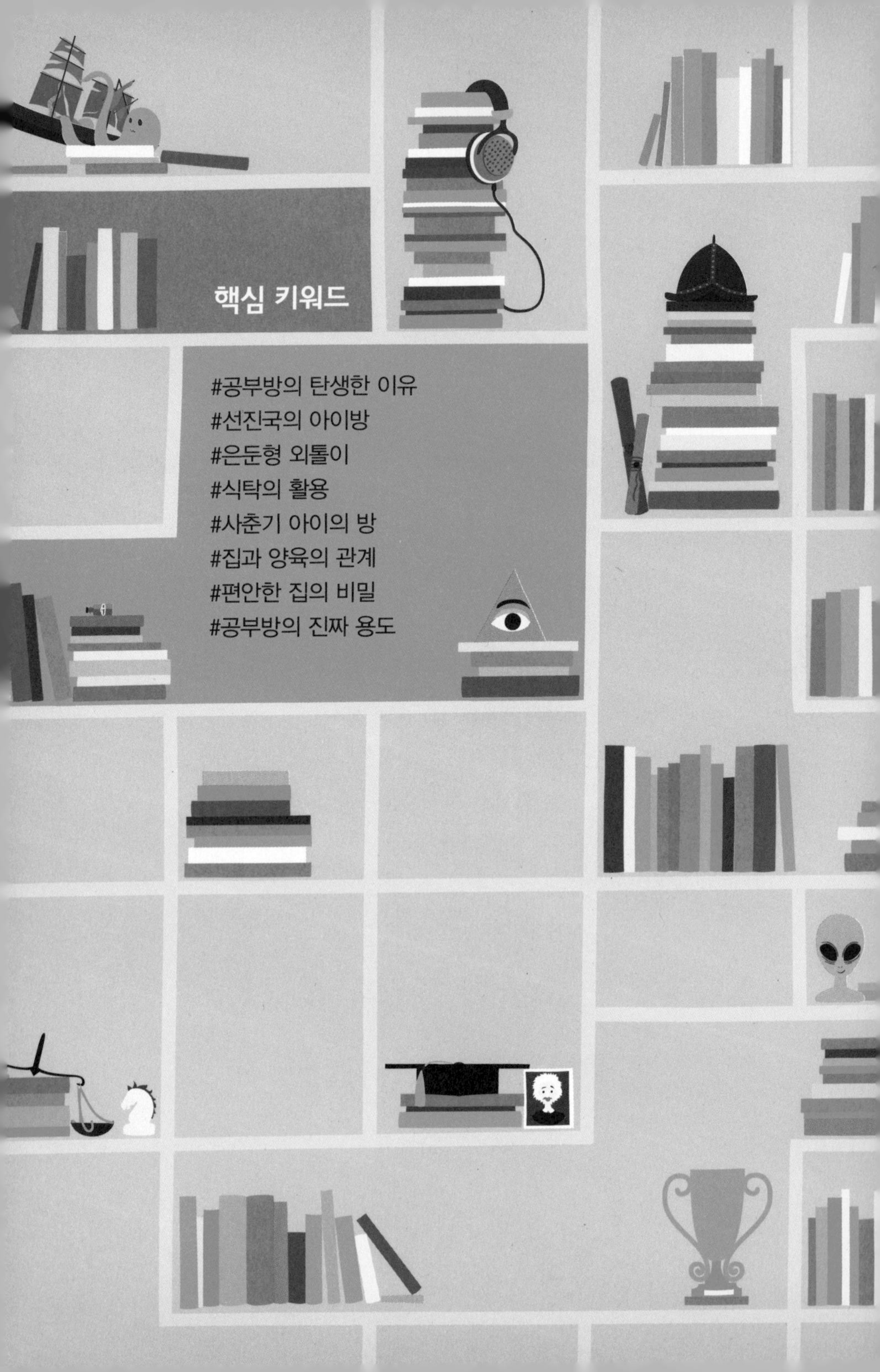
핵심 키워드
#공부방의 탄생한 이유
#선진국의 아이방
#은둔형 외톨이
#식탁의 활용
#사춘기 아이의 방
#집과 양육의 관계
#편안한 집의 비밀
#공부방의 진짜 용도

제1부

공부방이 아이의 공부두뇌를 망친다

수많은 엄마가 아이의 공부방 만들기에 참 열심이다.
책상의 위치, 벽지 색상, 창문의 방향, 조명 등 아이가 자랄수록
신경 써야 할 것이 한두 가지가 아니다.
그 모든 고민은 '공부 잘하는 아이' '집중력 좋은 아이'로 만들기 위한 바람과 맞닿아 있다.
하지만 나는 지금부터 공부방이 아이의 공부두뇌를 망치고 학업에 대한
흥미를 잃게 만드는 주범임을 이야기하려고 한다.
지금의 공부방은 어떻게 탄생했으며
어째서 공부방이 아이에게 치명적인 영향을 끼치는 것일까?

아이 방에 집착하는 엄마들에게

집과 관련해 많은 사람이 고민하는 곳이 바로 아이 방이다. 고민의 내용도 가지각색이다.

"딸이 둘인데 언제부터 방을 따로 쓰게 해야 할까요?"

"아이가 공부에 더 집중할 수 있는 방을 만들려면 어떻게 하면 되나요?"

"제가 어릴 때는 방이 따로 없었으니까 아이에게 최소한 4평 정도의 방을 만들어주고 싶어요."

"방을 만들어주면 거기에만 틀어박힌다고 들었는데 아이 방은 오픈하는 것이 나을까요?"

대개 자신이 어린 시절에 체험한 내용을 바탕으로 생각하거나, 인터넷 또는 잡지 등을 통해 정보를 수집하며 아이에게 가장 적합한 환경을 만들려고 애쓰는 부부들이 많다. 하지만 부모들이 어렸을 때의 경험을 바탕으로 생각하기에는 이제 시대 배경과 가족관계가 달라졌다. 그리고 부모의 경험을 너무 중시하면 정작 아이 본인의 마음까지는 생각이 미치지 못하기도 한다. 또 수집한 정보가 정말로 아이에게 맞는지도 알기 어렵다.

그렇다면 아이에게 적절한 방은 어떻게 생각하면 될까? 우선, '어째서 아이 방이라는 장소가 생겨났는가?'라는 근원적인 물음에 관한 것이다. 이것이 여러분과 가족이 많은 정보에 휘둘리지 않고 아이 방을 이해하는 지름길이라고 생각한다. 또 한 가지, 최근 수십 년 동안의 주거환경, 특히 아이 방이 아이에게 어떤 영향을 끼쳐왔는지를 아는 것도 중요하다.

이 내용에 대해서는 지금까지 거의 체계가 잡히지 않았기 때문에, '왜 이제야 알려주는 거야!', '이미 늦었잖아!'라며 부정적인 느낌을 갖는 사람도 있을지 모르겠다. 하지만 최근 수십 년을 거치면서 이제 막 주거환경이 구체적으로 아이에게 어떤 영향을 주는지 알려지기 시작한 참이다. 그러니 여러분의 탓도 아니고 전문가들도 열심히 노력하기 시작한 단계라고 이해해주기를 바란다. 자, 지금부터 우리 아이에게 정말로 소중한 주거공간이란 어떤 것인지 함께 생각해보자.

본래 아이 방이라는 개념은 없다

먼저 이야기하고 싶은 것은 아이 방이란 것이 처음부터 존재한 건 아니라는 사실이다. 지금까지 실시한 세미나에서도 같은 내용을 이야기했는데 80~90퍼센트의 사람들이 몰랐다고 대답했다. 물론 요즘 아이를 키우는 세대들은 그 부모님조차도 이미 핵가족화 속에서 자란 터라 전쟁 전의 주거환경을 모르는 것도 이해가 된다.

내가 여기서 말하고 싶은 것은 '아이 방'이라는 것이 도입된 지 아직 몇 십 년밖에 지나지 않았다는 점이다. 물론 아이 방에 관한 연구가 진행된 역사도 길지 않다.

1950년 이전의 집은 3평과 2평이 조금 넘는 넓이의 방이 하나씩 있고 나머지는 창고, 부엌, 흙마루, 화장실 등으로 이루어진 구조가 일반적이었다. 3평짜리 방에서 자고 일어나면 이불을 정리한 후 키가 낮은 밥상을 놓고 식사를 했다. 밤에 잠들 때는 밥상을 챙겨 넣고 다시 이불을 깔고 잤다.

그때까지는 아이를 한 명의 개인으로서 인식하지 않았고 '가족은 하나'라는 생각이 강했다. 잘 때도 대개 이불 한 채를 사이에 두고 같이 자는 것이 보통이었다. 또 당시에는 한 가족이 하나의 집에 살기보다는 부모와 형제, 친척들과 여러 가족이 함께 사는 경우가 더 많아서 '개인실'이라는 개념 자체가 거의 존재하지 않았다. 그렇다면 지금의 아이 방은 어디서 온 것일까?

답은 미국이다. 1950년대에 미국에서 현대 집의 기본이 된 구조가 들어왔다. 1950년대 초는 패전을 계기로 쇄국주의적인 표현을 자숙하고, 기존의 집 짓기를 일체 그만두자는 분위기가 조성되기 시작했던 때다. 게다가 미군들이 전후 교육의 일환으로서 자신들의 생활양식을 보급시키기 시작하던 때이기도 했다.

가족이 단체로 모이는 거실, 인원수만큼의 개인실, 부엌을 비롯해 충실한 설비를 갖춘 집 구조는 당시의 사람들에게 강렬한 느낌으로 다가왔을 것이다. 1955년에는 '식침분리(먹는 곳과 자는 곳의 분리한다)'라는 미국형 주거양식을 건축가를 비롯한 많은 주거환경 연구자들이 받아들이기 시작했다. 그리고 그때 함께 수용된 개인실의 개념이 아이 방의 원형이 되었다. 즉, 지금의 아이 방이 탄생하는 계기가 된 셈이다.

지금의 공부방이 탄생한 이유

이렇듯 미국식 집 구조에서 영향을 받아 아이 방이 탄생했지만, 아이 방이 널리 사용되기까지는 조금 더 시간이 걸렸다.

가령, 일본을 예로 들어보자. 1950년대 당시 일본은 420만 호의 주택이 부족했다. 나라도 서민도 돈이 없었다. 당시는 '부담 없이 가능한 초보 건축 비법'이라며 스스로 집을 지으라는 안내서까지 등장했을 정도다.

그런 상황 속에서 경제부흥을 위해서라도 어쨌든 집의 수를 늘리고자 했고 '토끼집'이라고 불리는 열 몇 평 남짓한 좁은 집들이 많이 만들어졌다. 그런 규모다 보니 방을 하나라도 만들 수 있으면 다행일 정도였다. 처음에는 한 개의 방이 부부의 침실로 보급되었다. 그때까지 부부생활에 고생하던 이들에게 '성의 해방'을 맞을 수 있는 계기가 주어진 것이다.

하지만 1960년대에 들어선 이후로 사람들은 그런 생각에서 벗어났고, 고도의 경제성장기와 학력사회의 풍조가 강해지면서 개인실은 아이의 방, 즉 공부방으로 변화했다. 부모는 '혼자 있을 수 있는 환경이 더 공부하기에 좋을 것이다', '공부를 열심히 해야 나중에 우리도 아이도 편안해질 수 있다'라고 생각했기 때문이다.

1970년대에 들어서면서는 집의 규모도 서서히 커졌고 다시금 주된 침실과 아이 방을 인원수만큼 가질 수 있게 되었다. 지금이야 아이들이 각자 방을 하나씩 갖는 것이 당연해졌지만, 사실 그렇게 되기까지 수십 년 동안 극적인 변화가 이루어졌다는 것을 알 수 있다.

그렇다면 이제부터가 본론이다. 지금 우리가 알고 있는 아이 방은 그 원조 격인 미국에는 존재하지 않는다는 사실을 아는가? "뭐라고? 할리우드 영화에도 아이 방이 나오는데?"라며 의문스러워하는 사람도 많을 것이다.

물론, 말 그대로 아이 방은 존재한다. 하지만 오늘날 우리의 아이 방과 미국의 아이 방은 전혀 다르게 사용되고 있다. 답은 간단하다. 미국에서는 기본적으로 아이 방을 침실, 혹은 자립심을 키워주는 공간으로서 사용하는 데 반해 우리는 공부방으로 이용한다. 어째서 이런 차이가 생긴 것일까?

이유는 크게 두 가지로 생각할 수 있다.

첫째, 앞서 이야기했듯이 고도의 경제성장과 학력을 중시하는 사회 풍조가 강해지면서 '아이가 집중해서 공부할 수 있도록 해야겠다'는 부모의 바람 하에 아이의 방이 공부방으로 바뀐 것이다. 또 하나는 주택 부족 문제를 해소하기 위해 급격히 주택이 보급됨에 따라 도입된 미국의 집 구조가 실은 미국에서조차 역사가 길지 않아 어떻게 사용되는지에 대한 정보가 부족했기 때문이다. 우선은 집을 늘리고 보자는 생각이었던 것이다. 주거환경에 대한 정보가 등장하기 시작하고 연구가 진행될 만큼 사례가 늘어난 것은 최근 십 년 동안에 일어난 일이다.

그러한 시대 배경과 함께 세계적으로도 '유례를 볼 수 없는' 아이방이 등장한 셈이다. '유례를 볼 수 없는'이라는 말에 의문이 들겠지만 차차 구체적으로 설명해나가겠다.

자립과 존중의 공간, 미국의 아이 방

그렇다면 아이 방의 원조 격인 미국과 유럽에서는 아이 방이 어떻게 사용되고 있을까? 미국과 유럽은 각각 흥미로운 특징을 갖고 있다. 우선 미국의 아이 방 개념은 원래 1600년대에 영국의 종교적 탄압을 피해 미국으로 이주해온 청교도의 사상이 근간을 이루고 있다고 한다.

구체적으로는 남녀, 부모와 자식이 모두 평등하고 개개인을 소중히 여기는 분위기가 바탕에 있다. 집에서 개인실은 개인과 사생활에 대한 존중을 상징하며, 거실(리빙 룸)은 모두 평등한 가족구성원이 모여 이야기를 나누는 곳으로서 만들어졌다. 리빙 룸이라는 이

름은 미국에서 탄생한 것이다.

즉, 미국의 아이 방은 청교도 사상을 바탕으로 아이를 하나의 개인으로서 존중하고 공간을 평등하게 나누어주기 위한 것이었다. 그렇다고 해서 아이들이 자기 방에만 틀어박히는 일은 거의 없었다. 미국이라는 낯선 땅으로 이주해왔을 당시 사람들과의 소통과 연결고리를 바탕으로 살아남은 경험이 있기 때문이다. 미국만큼 거실을 가족들이 모여서 평등하게 이야기를 나누는 장소로 인식하고 있는 나라도 없을 것이다.

또 미국에서는 아이를 태어나면서부터 한 사람의 개인으로서 평등하게 대하는데, 그렇게 하기 위해 제공하는 개인실이 아이 방인 것이다. 아이 방은 개인을 존중하기 위한 장소이자 자립심을 기르는 곳이라는 생각이 기본에 깔려 있다. 더불어 미국에서는 집에서의 생활 규칙이 철저하다. 예를 들어 '노크 없이 아이 방에 들어가지 않는다', '잘 때 이외에는 기본적으로 자기 방에 들어가지 않고 거실에 모인다'와 같은 것도 그런 규칙의 일부다. 이런 규칙이 아이 방의 사용법을 더 명확히 보여준다.

또 인간은 소통하며 살아가는 존재라는 생각을 중요시하는 미국에서는 공부는 가족과 부대끼면서 리빙 룸이나 다이닝 룸, 패밀리 룸, 워크 룸 등의 장소에서 하는 것이 일반적이다. 참고로 워크 룸은 직역하면 일을 하는 방으로 오해하기 쉽지만, 본래의 의미는 '가족이 다 함께 공부 등을 하는 방'이다.

공부는 학교에서, 유럽의 아이 방

유럽의 아이 방 역시 흥미로운 점이 있다. 유럽에서는 아이가 태어났을 때 '지성이 없는 동물'로 간주하고 어떻게 하면 사람으로 성장시킬 수 있을지를 생각하며 육아에 임한다. '한 사람의 개인으로서 존중한다'는 발상이 없기 때문에 20세기 후반 유럽의 공영주택을 보면 아이 방이 없는 집이 흔했다.

또 유럽의 집에는 가족이 다 같이 평등하게 모이는 거실이 없다. 가족 모두가 모인다기보다도 어른들이 사교적으로 모이는 살롱이라는 장소가 있었다. 큰 집의 경우에는 살롱과는 별도로 패밀리 룸이 있기도 했지만, 대개 가족이 모이는 곳은 식사를 할 때의 다이닝 룸이다.

최근에는 유럽에서도 다양한 생활양식을 갖게 되어 아이 방이 조금씩 늘어나고 있는 듯하다. 물론 아이 방이 없는 집에서는 아이가 청년이 되어 집을 나갈 때까지 식사실(다이닝 룸)의 한 구석에 침대를 두고 잘 때 커튼만 치는 등의 간이적인 형태가 많이 존재했다.

공부에 관한 흥미로운 사실은 '공부는 학교에서 하는 것. 집은 가족들이 쉬는 곳. 공부를 하고 싶다면 도서관 등의 공공시설을 사용하라', '집에서 공부를 할 요량이라면 가족들이 모이는 다이닝 룸에서 하라'는 의식이 강해서 특별히 공부방을 두지 않았다는 점이다.

이렇듯 양육에 대한 생각에 차이가 있지만, 아이 방이나 아이 공간에 대한 공통적인 인식도 존재한다. 바로 그곳이 아이가 자립적인 생활에 익숙해지도록 하는 장소라는 점이다.

기본적으로 방에는 혼자 자기 위한 침대, 스스로 옷을 정리해서 넣는 습관을 기르게 하려는 옷장. 편지를 쓰기 위한 편지 쓰기용 책상, 인테리어 센스를 키우게 하기 위한 선반 등이 있다.

특별한 경우가 아니면 아이 방에 학습 전용 책상을 넣는 경우는 거의 존재하지 않는다. 원조 격인 미국이나 유럽의 아이 방에 대한 사상을 알게 되면 지금 우리의 아이 방, 즉 공부방이 그들과 얼마나 다른지 실감할 수 있다.

어떤 아이로 키우고 싶은가

집에 대한 상담을 하면서 "아이 방은 개방적인 느낌이 좋다고 들었는데 실제로는 어떤가요?"라는 질문을 자주 받는다. 참고로 이런 생각의 바탕에는 유럽에서의 '아이는 지성이 없는 동물이므로 인간으로 키워야 한다', '한 사람의 개인으로서 인식하지 않기 때문에 개인실은 필요 없다'는 의식과 옛날부터 있었던 '가족은 하나', '개인실까지는 필요 없다'라는 의식들이 자리하고 있다.

요즘은 아이들의 주거환경에 관한 책이 많은데, 각각 경험론에 근거한 정보이다 보니 과거의 사고방식이나 미국적, 유럽적인 가치관이 섞여 있어서 사람들에게 혼란을 주는 부분도 많다. 또 2차 세계대전 후에 개인주의적인 풍조가 들어오면서 아이를 한 인간으로 인정하게 되었기 때문에 옛날처럼 '가족은 하나'라는 의식으로 순순히 돌아가리라고 생각하기는 어렵다. 오히려 아이를 한 사람의 존재로 여기느냐 아니냐에 대한 차이로 관점이 바뀐 상황이다.

물론 중용의 정신에 입각해 미국식과 유럽식의 장점만 취할 수도 있을 것이다. 하지만 아이를 어떻게 키울 것인가에 대한 방향성이 애매하면, 훗날 아이가 환경에 휘둘리게 될 가능성이 있다.

예를 들어 설계에 대해 상담을 할 때도 "아이를 존중해서 사생활은 확보해주고 싶다."라고 하면서도 "아이 방의 문에는 안에서의 상황을 알 수 있도록 유리를 넣고 싶다."라는 희망사항을 가진 부부가 의외로 많다.

이렇게 되면 아이는 '내 사생활을 존중해주는 건지 아닌지 모르겠다. 말과 행동이 다르잖아!'라고 생각할 것이다. 그렇지만 그런 생각을 말로 하거나 부모에게 분명히 의사를 전달할 수 있는 아이가 과연 몇이나 될까?

아이의 방과 집에 대한 고민을 할 때 과연 어떤 아이로 키우고 싶은지 먼저 생각해볼 일이다. 아이의 모습에 대한 이미지가 보다 확실해질 때 집과 방에 대한 고민들은 자연스럽게 풀릴 것이다. 또한 무엇을 취하고무엇을 버릴지 확실하게 결정해야 한다. 이에 따라서 그 모습은 크게 달라질 것이다. 이번 기회에 아이를 어떻게 키울 것인지에 대해 이야기를 나눠보는 것은 어떨까.

방을 갖고 싶어 하는 아이의 진심

아이 방이 아이들의 성장에 어떤 영향을 주었는지를 살펴보자. 이제부터 하는 이야기를 들으면 '맞아! 우리 가족 이야기를 하는 것 같아. 그런데 이미 늦었을지도 모르겠어', '그런 환경에서 자란 우리 아이는 정말 괜찮을까?'라고 느낄지도 모른다. 해결책은 차차 소개할 테니 여기서는 그저 하나의 사실로서 받아들이도록 하자.

1960년대 무렵부터 아이 방이 공부방으로 여겨지기 시작한 것은 앞에서도 말했듯이 고도의 경제성장과 학력을 중시하는 풍조가 한층 더 짙어진 사회적 배경에서 기인한다. 그런데 중요한 것은 아이가 공부방에 들어간다고 해서 부모의 생각대로 공부를 하는 것은 아니라는 사실이다.

제2차 반항기에 접어드는 초등학교 고학년 정도까지는 언제나 엄마와 함께 있고 싶은 것이 아이들의 마음이다. 그런데 "기껏 공부방을 만들어줬으니 방에서 공부해!"라는 이야기를 들으면 어쩔 수 없이 방으로 들어가게 된다. 나는 1980년대에 실제로 그것을 경험했다. 내 방에 들어가면 가족과 텔레비전을 보면서 함께 이야기하거나 같이 있을 수 없다. 결국 공부는 내게 '모두와 함께 있을 수 없어 외로운 것'이 되었다.

특히 초등학생 때 그런 체험을 하면 공부는 가족과 함께 있을 수 없게 만드는 '적'이라는 이미지로 각인된다. 나는 초등학생 때 집에서 공부하는 것만큼 싫은 일이 없었다. 당시에는 다행히도 숙제가 적은 편이어서 가능했겠지만, 나는 가급적 학교에서 숙제를 마치고 집으로 돌아갔다. 돌이켜 보면 초등학생 때는 무엇보다도 가족들과 함께 있는 것이 행복이라는 생각이 든다. 지금의 초등학생들도 마찬가지일 것이다.

하지만 제2차 반항기를 맞이하면서 상황은 완전히 달라진다. 아이는 자기 방에서 공부한다는 것을 부모와 함께 있지 않아도 되는 좋은 구실로 삼는다. 부모의 입장에서 보면 혼자 집중할 수 있는 환경을 만들어주었으니 열심히 공부하길 바라겠지만, 아이들의 생각은 전혀 다르다.

아이의 발달에 따라 개인차는 있겠지만 태어나서 세 살 정도까지는 정신적으로 엄마와 하나라고 여긴다. 그러다가 점차 자신은 엄마와는 다른 인격을 지닌 다른 존재라는 것을 의식하기 시작한다. 그러면서 자신의 영역이 갖고 싶어진다. 다만 초등학생 정도까지는 "갑자기 내 방이 갖고 싶어졌어!"라는 정도는 아니고, 거실 한구석에 자신의 공간이 주어지는 것만으로도 충분히 만족한다.

이러던 것이 제2차 반항기를 맞이하면서 더 명확한 자신만의 영역으로서 방을 원하게 되는 것이다. 이것이 바로 아이들의 속내다.

은둔형 외톨이의 온상이 되는 아이 방

제2차 반항기에 도달하면 '나만의 영역인 방이 필요해'라는 아이의 욕구와 '방에 가서 공부를 했으면'이라는 부모의 바람이 '아이가 방에 들어간다'는 의미에서는 일치하게 된다. 그 결과, 아이가 자발적으로 방에 들어가고 늘 자신의 방에서 생활하게 된다.

아이는 학교에서 돌아오면 "공부하라."는 말이 듣기 싫어서 부모가 그 말을 하기 전에 방으로 들어가버린다. 그래도 과거에는 방에 틀어박혀 봐야 공부를 하지 않으면 똑같은 만화책을 몇 번씩 읽는 것 말고는 할 일이 없어서 방에 계속 있기가 힘들었다.

하지만 지금은 스마트폰과 컴퓨터로 많은 일을 할 수 있기에 방에 틀어박히는 일 자체가 지루하거나 고통스럽지 않게 되었다. 게다가 방에서 게임을 하는 등 가상현실의 세계에 빠지는 아이들이 많아져서 현실 세계와는 동떨어진 시간을 보내기도 한다.

예전에 개봉된 〈매트릭스〉라는 영화를 기억하는가? 현실이라고 생각하는 세계가 환상이고, 실제로는 죽을 때까지 탱크 안에서 지내는 미래를 그린 내용이었다. 심하게 들릴지도 모르지만 지금의 아이 방은 〈매트릭스〉에 나오는 탱크를 상징하고 있는 듯도 하다.

많은 사람이 아이 방은 '공부와 자립'을 촉진하기 위한 장소라고 생각한다. 하지만 실상 현실은 아이 방에서 공부를 시키려는 것 자체가 은둔을 조장하고 자립을 크게 방해할 수도 있는 셈이다.

식탁은 아이에게 즐거운 공간일까

집 짓기 상담을 하다 보니, 중학생 딸이 요즘 들어 식사 시간에 밥을 먹는 것도 즐겁지 않아 보이고 곧장 자기 방으로 올라간다며 고민하는 분이 계셨다. 딸이 점점 방에 들어가서 나오지 않는데 어떻게 할 수가 없다며 내게 조언을 구한 것이다.

건축사인 내 전문 분야가 아니어서 그냥 이런저런 세상 이야기를 하며 "뭔가 짚이는 부분이 없으신가요?"라고 물었더니 "아, 어쩌면 그것 때문에?"라는 반응이 나왔다. 이야기를 잘 들어보니 딸이 어두운 표정을 보이게 된 것은 아버지 자신이 회사 일로 고민하기 시작했던 시기와 겹친다는 것이었다. 그 분은 식탁에서도 한숨을 쉬거나 계속 회사에 대한 불만을 말했다고 했다.

최근에는 특히 사회가 경제적으로도 어려워져서 많은 가정에서 비슷한 사례가 늘고 있을 가능성이 있다. 앞의 예로 말하자면 딸은 다음과 같은 부정적인 생각의 순환에 빠진 것이라 볼 수 있다.

'아버지가 사는 것이 힘들어 보인다.'

'그것을 보는 엄마도 힘이 없다.'

'식사 자체도 즐겁지 않다.'

'같이 있으면 즐겁지 않다. 괴롭다. 외롭다.'

'식탁이 더 썰렁하다.'

'빨리 방으로 들어가고 싶다.'

이런 생각이 드니 식사 시간이 즐거울 리 없고 표정은 자연스레 어두워진 것이다. 우울한 분위기 속에서 더 이상 앉아 있고 싶지 않은 것도 당연하다.

예전부터 식탁은 화기애애한 가족만의 소중한 공간이었다. 하지만 이런 불황 속에서는 아무리 노력해도 부정적인 생각에 빠지기 쉽다. 설계 이야기를 하던 중에 잡담을 한 것이었는데 그 분은 "좋았어! 이제부터 하나라도 회사에서 즐거운 일을 찾아야겠어요. 그리고 밥을 먹을 때는 가급적 밝고 긍정적인 이야기를 해야겠어요."
라며 생각을 바꾸었다. 집 짓기에 관련된 잡담을 하다보면 때때로
이런 이야기도 나온다. 만약 당신도 같은 일로 고민하던 중이었다
면 이 이야기에서 힌트를 얻기를 바란다.

부모를 피해 방으로 숨어드는 아이들

'공부를 잘할 수 있는 최적의 환경을 만들어주고 싶다.'

'적어도 대학에 들어가서 안심할 수 있는 미래를 손에 넣었으면 좋겠다.'

이런 바람으로 만든 공부방이 거꾸로 아이의 자립을 방해할 수 있다는 점을 이야기했다. 그밖에도 자기 방에서만 지내는 생활이 어떤 결과를 초래하는지 조금 더 이야기해볼까 한다.

아이가 자신의 방에 항상 머무르며 받는 또 한 가지 큰 영향이 있다. 바로 부모와 자식 간의 '소통'이다. 예를 들어 아이가 학교에서 돌아와도 곧장 자기 방으로 들어가면 학교에서 무슨 일이 있었다고 해도 알아차리기가 어렵다.

이에 반해 미국의 경우 아이는 사춘기에는 약간 다르지만 기본적으로 잘 때 이외에 방에 거의 들어가지 않고 가족과 대화하는 것을 즐긴다. 그런 아이들이 학교에서 돌아왔을 때 방에 들어가 나오지 않는다면 당연히 '무슨 일이 있었구나'라고 알아차릴 수 있다. 미국에는 이런 경우에 노크를 하고 "무슨 일이니? 방에 잠깐 들어가도 되니?"라며 부모와 자식 간에 이야기를 시작하는 습관과 문화가 존재한다.

내 아내가 대학생이던 시절 미국에서 홈스테이를 했을 때의 일이다. 학교 숙제가 많았던 어느 날 다른 사람들에게 피해를 주면 안 되겠다 싶어서 "지금부터 방에서 공부를 하겠다."라고 했더니 가족들이 전부 의아한 표정을 지으며 불안한 눈빛으로 바라보더라는 것이다. 그리고 공부를 마치고 다시 거실에 갔더니 "돌아왔네, 다행이다!"라며 가족들이 박수를 쳤다고 했다. 이것만 보아도 미국에는 혼자 방에 들어가서 공부를 하는 습관이 별로 없음을 알 수 있다.

반면 우리는 어떤가? "공부해라."라며 아이를 방으로 밀어 넣지 않는가? 그러면 당연히 아이는 방에서 나가기가 쉽지 않다. 식사를 한 후에도 금방 방에 틀어박히게 되니 아이의 변화를 좀처럼 알아차리기 어렵다. 결과적으로 점점 더 부모와 자식이 어긋나고 서로 소통이 안 된다. 이렇게 되면 상호 간의 소통에서 매우 중요한 '부모로서의 감'을 갈고닦을 기회도 없어진다.

예를 들어 원래 같으면 아이가 돌아왔을 때의 "다녀왔습니다."라는 목소리의 톤만으로도 '무슨 일이 있었나?'라고 알아차릴 수 있다. 물론 "무슨 일이 있었니?"라고 즉각 묻는 부모도 있겠지만, 제2차 반항기인 사춘기 무렵의 아이들은 집에 오면 곧장 방에 들어가 버린다. 그러니 "딱히 아무 일 없어요."라며 방으로 사라지는 모습을 그저 바라만 보게 된다.

또 아이가 '부모님께 무언가를 이야기하려 해도 잘 들어주지 않는다', '부모님께 약한 모습을 보이고 싶지 않다'는 식의 경험을 거듭하면 대화가 단절될 수밖에 없다. 어째서 아이들이 그렇게 느끼게 되는지는 나중에 설명하겠지만, 이 단계에서는 자기 방에만 너무 머무르게 만드는 아이 방은 소통을 방해할 가능성이 있다는 사실만 알아두자.

공부방이 공부 싫어하는 아이를 만든다

다음으로 아이 방이 공부방이 되면서 아이의 성격 형성에 미치는 영향에 대해 살펴보자. 부모가 공부방에 기대하는 것은 무엇일까? 대부분의 경우 '조용히 공부에 집중할 수 있는 환경'일 것이리라. 그 편이 아이가 공부하기에 더 낫다고 생각하기 때문이다.

하지만 이런 환경을 제공하기 때문에 생기는 폐해도 있다. '조용하고 혼자가 아닌 환경에서는 집중하지 못하는 체질이 되어버리는' 것이다. 혼자라면 집중할 수 있겠지만, 고등학교나 대학의 수험장처럼 낯선 사람들이 많은 환경에서는 본래의 실력을 발휘하기 어려울지도 모른다. 개인적인 이야기지만 나도 혼자 방에서 공부했는데, 대학입시를 볼 때는 주변이 신경이 쓰인 나머지 긴장해 전혀 머리가 돌아가지 않았던 기억이 있다.

요즘 들어 '회사에 들어온 지 삼 년 만에 그만 둔다', '고학력으로 입사한 사원이 우울증에 걸렸다'는 이야기를 종종 듣는다. 많은 사람에게 둘러싸인 환경은 그런 상태에서 무언가에 집중한 경험이 적은 젊은이들에게 큰 스트레스가 되었을 가능성도 있고, '혼자 있지 않으면 집중을 못하도록 만든' 주거환경 탓도 있을 것이다.

내가 이 책을 쓴 이유도 '건전한 주거환경을 통해 자신의 재능을 발휘하면서 주위 사람들과 즐겁게 살아가는 사람이 되기를 바라는' 마음에서다. 최근에는 불황으로 인해 사회의 모습도 완연히 달라지지 않았는가.

이와 함께 공부방이 주는 폐해는 인간성이 더 요구되는 지금의 젊은이나 아이들에게 직접적으로 영향을 줄 것이다. 이번 참에 아이들이 재능을 키우고 장래에 행복을 느낄 수 있도록 만들기 위해 어른인 우리들이 무엇을 할 수 있을지 같이 생각해보았으면 한다.

아이의 공간에 규칙을 만들어라

그렇다면 아이 방은 필요 없는 것일까? 이에 대한 나의 견해를 밝혀볼까 한다. 건축사로서 집을 지어온 경험으로 이야기하자면 '자립심을 키워주는' 아이 방 또는 아이의 공간은 중요하다. 아이 방을 통해 '자립심을 키워준다'는 관점은 공통된 인식이며 아이의 재능을 이끌어내고 부모와 자식이 행복을 키울 수 있는 힌트가 아이 방에 있다고 생각하기 때문이다.

또 '아이 방을 만들면 아이가 자기 방에만 틀어박히는 원인이 되지는 않을까?' 하고 생각하는 사람도 있을 것이다. 하지만 물질적으로 풍요로워졌으면서도 정신적인 스트레스가 많아진 지금의 시대에는 아이가 일시적으로 피난할 수 있는 방의 기능도 필요하다.

이에 대해서는 2부에서 상세히 이야기하도록 하자. 단, 아이 방을 공부방으로 사용하는 것은 권하지 않는다. 특히 21세기에 들어 인간성 함양이 중요해졌음을 생각할 때도 아이 방을 공부방으로 사용하는 것은 훨씬 폐해가 많기 때문이다.

지금까지 건축 의뢰자에게도 이런 이야기를 하고 집을 지어왔는데, 실제로 10퍼센트 정도의 분들은 이 이야기에 납득한 후 아이 방을 공부방으로 만들었다.

하지만 어느 가족도 아이가 자기 방에서만 계속 지내도록 하지 않고, '수험 공부를 위한 반 년', '시험 한 달 전', '저녁 무렵부터 식사시간 전까지', '저녁 8시부터 10시까지' 등의 규칙을 정해 방을 사용하도록 하고 있다.

'살기'를 의식하면 필요한 정보가 손에 들어온다

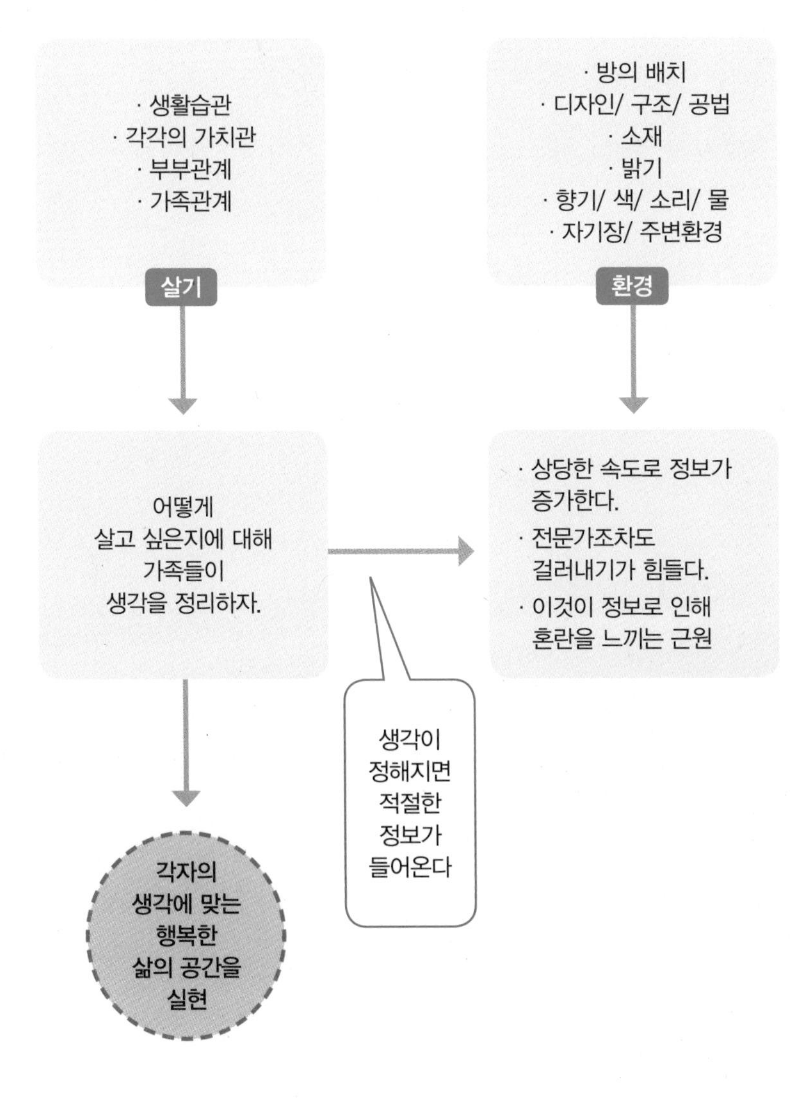

정보의 파도에 휩쓸리지 마라

요즘은 정보의 총량이 매년 두 배로 늘어나고 있다고 공적기관의 데이터가 말해주고 있고, 이대로 가면 점점 많은 사람이 정보의 파도에 휩쓸려버릴 수도 있을 것 같다. 이런 시대에는 어떻게 해야 정보에 휘둘리지 않고 우리 집의 주거환경을 활용해 아이의 재능을 키울 수 있을까?

여기서는 주거환경을 활용하기 위해 반드시 필요한 중요한 두 가지 관점에 대해 이야기하려 한다. 두 가지 차이와 특징을 이해하면 정보로 인한 혼란은 없어질 것이다. 그것은 바로 '살기'와 '환경'이라는 관점이다. 말 그대로 주거환경은 이 두 가지 요소로 이루어져 있다.

조금 더 구체적으로 말하면 전자인 '살기'라는 관점에는 '생활습관, 각각의 가치관, 부부관계, 가족관계' 등이 있으며 후자인 '환경'이라는 관점에는 '방의 배치, 디자인, 구조, 공법, 소재, 밝기, 향기, 색, 소리, 물, 자기장, 주변 환경' 등이 속한다.

집과 관련해 세상에 나와 있는 정보는 후자의 '환경'에 관한 것이 대부분이다. 어떤 방의 배치가 좋은가? 디자인을 어떻게 하고 소재는 무엇으로 하면 좋은가? 밝기를 어떻게 할까? 등이다. 이것들은 집을 만드는 일에 종사하는 우리들의 전문영역이기도 한데, 이러한 정보가 나날이 늘어나서 세상을 혼란의 소용돌이에 빠뜨리고 있다. 전문가인 우리조차 정보를 따라가기가 힘겨울 지경이다. 그에 반해 이러한 정보에 혼란을 느끼지 않기 위해 중요한 것이 바로 '살기'라는 관점이다.

예를 들어 '어떤 방 배치가 좋은가?'를 검토하려고 많은 잡지를 사본들, '거기서 어떤 삶을 살고 싶은가?', '아이들이 어떤 식으로 자랐으면 하는가?'라는 '살기'의 관점이 결여되면 정보에 휘둘리게 될 뿐이다. 가령 '살기'의 관점인 '아이들의 자립심을 키워주는 집이었으면 좋겠다'라는 부부의 생각이 정해지면 자연스레 그에 맞는 최적의 정보가 손에 들어오기 마련이다. 하지만 현대인이 가장 어려워하는 것 역시 '삶의 공간을 생각하는' 부분이기도 하다.

이제부터 '재능이 풍부하고 창조적인 아이로 자라는 집'이라는 관점에서 사고하고 발상하는 습관을 갖기 위한 내용을 중심으로 이야기하겠다. 정보과잉의 시대인 만큼 이 부분을 얼마나 잘 소화하느냐가 중요하다. 그렇다면 같이 살펴보도록 하자.

집과 양육은 떼 놓을 수 없다

양육은 '살기'라는 관점에서 생각할 때 특히 더 중요한 요소다. 아이의 주거환경에 관한 정보가 많이 등장하게 된 것은 양육에 관심을 가진 부모들이 늘어났기 때문이다. 그만큼 요즘은 양육에 힘이 든다는 사실도 알 수 있다.

또 집 짓기와 양육은 떼려야 뗄 수 없는 관계를 가진 주제다. 우선은 내가 공부하며 알게 된 심리학과 양육 전문가들에게 배운 양육과 주거환경의 역사적 변화를 이야기하며 '집을 지을 때 특별히 생각해두어야 할 관점', '아이의 재능을 키우는 데 중요한 관점', '부모와 자식의 행복을 키우기 위해 알아두어야 할 관점' 등을 중심으로 살펴보겠다.

1950년대 이후 고도의 경제성장 시기에는 많은 남성이 "나는 회사와 결혼했다."라고 할 정도로 가정에 있는 시간이 적었고, 남성들은 거의 양육을 포기하다시피 했었다. 21세기에 들어선 후로 부부가 맞벌이를 하면서 가사와 육아를 함께 하는 가족이 조금씩 늘었지만, 최근에는 불황으로 말미암아 늦게까지 회사에 남아 일하는 남성이 압도적으로 많아서 생활양식의 양극화가 진행되고 있다.

그런 가운데 세상에 대한 경제적 불안, 혼자서 육아를 담당해야 한다는 스트레스, 아이를 어떻게 키워야 할지 모르는 육아 불안은 아이를 키우는 부모로서는 상당한 무게로 다가올 것이다. 일을 하러 나간 남성(또는 여성)의 입장에서 보면 "나는 돈을 벌려고 죽을 둥 살 둥 일하고 있으니, 집안일과 애 보는 것은 혼자서 잘 좀 해!"라는 말이 입 밖으로 나올지도 모른다.

하지만 그러면 부부 간의 갈등은 더 복잡해질 뿐이다. 게다가 아이를 키우는 일이 얼마나 힘든지 실은 양육을 하는 여성(또는 남성)도 모를 가능성이 있다. 왜냐하면 양육환경이 2차 세계대전 전과 후에 격변했다는 사실을 많은 사람이 자세히 알지 못하기 때문이다. 전쟁 전까지 우리는 농업국이었다. 결혼을 한 후에도 부모님과 형제, 친척들과 함께 사는 대가족이 대부분이었고, 젊은 부부가 중심이 되어 일을 하고 자녀들은 노부부가 돌보았다.

그렇다. 과거에는 며느리가 아이의 모든 것을 돌보지는 않았다. 전후 공업국가로 변모한 후에는 핵가족화가 진행되어, 젊은 부부와 아이만이 세대를 이루어 사는 핵가족이 주류가 되기 시작했다. 즉, 많은 젊은 부부의 아내(또는 남편)가 혼자 아이를 보는 미증유의 경험을 하게 된 것이다. 역사상 처음 있는 일이고, 아직 그 역사는 수십 년밖에 되지 않은 상황이다. 이 사실을 알고 나 역시 건축사로서 많은 생각이 들었다.

내가 좋아하는 등산가인 세계의 많은 산을 제패한 라인홀트 메스너Reinhold Messner 씨가 다음과 같은 말을 했다.

"나는 지금껏 수많은 산을 극복해왔지만, 세상에서 가장 힘든 일은 아이를 키우는 것이다."

나는 다시금 그 말의 의미를 깊이 이해할 수 있었다. 혼자 아이를 키우는 현실은 그만큼 힘이 든다. 배우자가 없이 홀로 아이를 키우는 사람의 경우에는 더 그러하지 않겠는가. 그러니 자신이 아이를 키우고 있다면 이 대단하고 힘든 일을 하고 있는 스스로에게 조금 더 관대해질 필요가 있다.

그리고 배우자는 아내나 남편이 그런 미증유의 일을 하고 있다는 것을 이해부터 해보자. 가능하다면 진심어린 감사의 말을 전해보

자. 그것만으로도 아이를 키우고 있는 사람은 위로를 받는다. 나도 이 글을 쓰면서 아내에 대한 고마움을 전해야겠다는 반성을 했다.

나는 평소 집을 지을 때도 이 이야기를 하는데 그때 의뢰자 부부가 서로 우물쭈물하거나 눈물을 글썽이기도 한다. 그만큼 평소 서로 같이 애를 썼기 때문이리라. 아이의 주거환경을 생각하기 이전에 현재의 양육 자체가 미증유의 체험이라는 공통된 인식을 갖는 것이 중요하다. 자, 이제부터 함께 시작해보자.

유대감이 사라진 오늘날의 집 구조

제2차 세계대전 이전까지는 결혼을 해도 부모님, 형제와 함께 사는 대가족이 일반적이었다고 했다. 그러던 것이 전후 급격히 핵가족화가 진행되면서 '주거방식'에 큰 변화가 생겼고 가족들이 받는 스트레스도 함께 커졌다.

구체적으로 어떤 변화가 스트레스를 낳았을까? 아이의 재능을 키우고 부모와 자식이 행복해지는 방법을 생각하기에 앞서, 핵가족화가 주거환경에 미치는 원인을 알아보도록 하자.

우선 핵가족의 생활양식을 기본으로 한 지금의 주거환경과 우리의 정신이 불일치한다는 점에 주목해야 한다. 전후에 핵가족화와 개인주의화가 진행되었다고는 하지만, 사람들의 DNA에는 지금도 옛날과 마찬가지로 대가족의 생활양식에 가까운 '사람들과의 관계'와 '장소를 중요시하는 정신'이 근간에 깔려 있다. 주변을 배려하고 서로 맞춰가려는 잠재적인 의식을 가진 사람이 많다는 말이다. 집을 설계할 때 '아이의 인기척을 느끼고 싶다'고 희망하는 분이 많은 이유도 그것 때문이리라.

하지만 오늘날의 주거환경은 각 개인에게 방을 주면서 개인을 중시하는 경향을 만들기 시작했다. 그 결과 '화로를 끼고 다 같이 모이는 장소'를 중시해온 정신이나 풍습에서 서서히 멀어지게 되었다. 오늘날 가족들이 모이는 장소의 상징인 거실의 존재 가치는 옛날의 화롯가에 비해 희박해졌다.

또 하나 주목할 것은 핵가족화와 더불어 인간관계가 소실되었다는 점이다. 고도의 경제성장기 이후 많은 사람이 도회지로 나가 핵가족용 주택이나 아파트에 살게 되었다.

원래 우리는 나고 자란 공동체에서 터전을 잡았던 역사가 길기 때문에 새로이 인간관계를 만드는 데 익숙하지 않다. 즉, 지금의 주거환경은 '사람들과의 유대감'이 없는 고독한 생활을 양산하고 결과적으로 스트레스의 원인이 된다.

어릴 때 이사를 하거나 전학을 간 적이 있는 사람은 처음 새로운 환경을 접했을 때 느낀 압박감을 기억할 것이다. 나 역시 초등학교 4학년 때 전학을 간 적이 있는데, 어릴 때는 그나마 다 같이 사이좋게 지내고 싶다는 순수한 마음이 있었기 때문에 친구들을 만들 수 있었다. 하지만 어른이 된 지금은 이웃 사람들과 친해지는 데 주저하게 되고, 그것이 지역공동체의 희박함으로도 이어지고 있다. '유대감'은 국가에 관계없이 모든 인류에게 공통적으로 중요한 요소다.

유대감을 키우는 두 가지 포인트

개인주의라는 가치관이 현재 공간 만들기에도 큰 영향을 주고 있으니 그 이야기를 조금 해볼까 한다. 심리학 전문가들은 유대감이 결여된 개인주의가 확산된 결과, 사람들이 지금과 같은 고독함이나 초조함에 빠지게 되었다고 보고 있다.

나는 이 이야기를 듣고 특정한 종교를 믿는 사람은 아니지만 각 문화와 풍토에 맞는 새로운 '유대감'을 키워가는 것이 중요하다고 느꼈다. 공동체 만들기 전문가의 말을 빌리면 그렇게 하기 위한 두 가지의 큰 포인트가 있다고 한다.

첫째, 부모와의 관계를 바로잡는 것이다. 구미의 개인주의는 '부모는 부모, 자식은 자식의 인생이 있다'라고 하면서도 부모와 자식의 끈을 소중히 여기는 문화가 뿌리내리고 있어서 부모와 자식의 접촉 빈도가 높다. 물론 접촉 빈도가 높다고 좋은 것만은 아니다.

그에 반해 우리들은 부모와의 관계가 극단적으로 멀거나 가까운 경우가 많다. 구미처럼 개인주의에 바탕을 둔 부모와 자식의 관계와는 달리 부모와 대등한 관계성이 구축되지 않은 경우가 많으니, 너무 자주 만나는 사람은 횟수를 조절하고 전혀 만남이 없는 사람은 조금이라도 관계를 키워가는 식의 균형이 중요하다. 이것은 공간의 설계를 여럿 경험해오면서 느낀 바이다.

또 하나는 옛날의 마을과 같은 공동체를 대신할 새로운 공동체의 창조이다. 요즘은 인터넷의 보급으로 같은 가치관을 가진 사람들과 만날 수 있는 기회도 점점 늘어나고 있다.

예를 들어 아이를 키우는 데 관한 커뮤니티를 발견하면 거기에는 육아에 관심을 가진 사람들이 모여 있지 않겠는가. 같은 가치관을 가진 사람들이라면 스트레스 없이 고민을 상담할 수 있을 테니, 적극적으로 이런 커뮤니티를 찾기를 권한다.

아이 방에 지나치게 신경 쓰지 마라

미국인이 아이 방을 우리와는 전혀 다르게 생각한다는 예로 흥미로운 이야기가 하나 있다. 내 친구가 미국에서 홈스테이를 했을 때의 일이다. 주인집의 네 아이 중 여덟 살 정도의 남자아이가 잘못을 저질러서 부모에게 혼나는 장면을 목격한 적이 있었다.

아버지가 "어째서 그런 짓을 했니?"라며 이유를 묻자 아이는 이런저런 변명을 늘어놓았다. 소통의 국가답게 미국에서는 그런 상황에도 부모와 자식이 열심히 대화를 한다. 그리고 어느 정도 이야기가 끝나자 아버지가 "자, 벌을 받아야 한다."라며 입을 열었다.

친구가 멀리서 어떤 벌을 주는지 흥미롭게 지켜보았는데, "지금부터 식사시간까지 네 방에 들어가 있어라."라고 했단다. 그 장면을 본 친구는 어이가 없었다. 하지만 아이는 "그것만은 싫어요! 잘못했어요. 용서해주세요."라고 울며 매달렸다고 한다.

언뜻 보기에는 '자기 방에 들어가 있는 것이 벌로써 얼마나 효과가 있을까?' 싶을 것이다. 친구도 순간 그렇게 생각했지만, 울음을 터뜨리는 아이를 보고는 벽장에 가두는 벌과 매우 비슷한 점이 있다는 것을 깨달았다.

미국에서는 스스로 원해서 방에 들어갈 때 이외에 아이를 개인실에 들어가게 하는 경우, 아이는 부모와 자식의 연이 끊어진 것 같은 충격을 받는다. 아이로서는 사람과의 유대를 느낄 수 없는 상황이 무척 견디기 힘들 것이리라.

게다가 기본적으로 장난감은 거실에 두도록 규칙을 정해두기 때문에 아이는 방에서 가지고 놀 만한 것이 없어 가만히 있을 수밖에 없다. 설계 상담을 할 때도 나는 아이 방이 가지는 본래의 의미가 '벽장 같은 것'이라고 이야기한다. 그러면 의뢰자도 '굳이 그러지 않아도 될 것을 아이 방에 너무 신경을 많이 썼다'고 고백하곤 한다.

편안한 집을 만드는 비밀

집 짓기 상담을 하다 보면 정말이지 남녀 의사소통의 차이가 흥미롭다는 생각을 한다. 다음은 어떤 부부가 집에 대한 이야기를 하러 왔을 때의 대화다.

"들어봐요. 충격적인 일이 있었어요. 어제 저녁에 부지를 보러 갔거든요. 이제 드디어 우리 집을 짓는구나 싶어서 두근거리는 마음으로 둘러보고 있었어요. 그런데 그때 이웃집 부인이 쓰레기를 버리러 나오잖아요. 이쪽은 설레는 마음으로 인사를 했는데 그냥 돌아서서 집에 들어가는 거예요! 난 이제 어떻게 하죠?"

"그냥 저녁이라 어두워서 상대방이 안 보였던 것 아닐까요?"

"무슨 소리예요? 그럴 리가 없어요. 나 왠지 집을 짓기가 불안해요. 싫어졌어요."

"알았어요. 다음 주에 공사 전 고사를 지낼 거잖아요. 그때 인사를 돌면서 내가 확실히 눈도장을 찍으면 되잖아요. 이제 괜찮지요?"

"당신한테 이런 이야기를 한 내가 바보였어요. 더 무슨 말을 하겠어요."

"이것 참! 그럼 나보고 더 이상 어떻게 하라는 거예요?"

이 대화를 듣고 어떤 생각이 드는가?

'남편이 너무 이해를 못 하네', '남편이 꽤나 잘 대응해주네'라는 두 가지 반응으로 나뉠 것이다. 참고로 이전의 나는 이런 대화를 하는 부부를 만나면 당황스러웠다. 하지만 의사소통 전문가로부터 남녀 대화방식의 차이를 듣고 그런 부부들을 이해할 수 있게 되었다.

내가 배운 바에 따르면 전자처럼 생각한 사람은 평소에 감정을 바탕으로, 후자는 논리적 사고를 바탕으로 사는 경향이 있다. 그리고 이것이 세상의 묘한 점이기도 한데, 대부분의 부부가 서로 다른 유형의 조합으로 이루어져 있다. 그들은 빈도에 차이가 있을지언정 이런 대화를 나누고 있을 것이다. 논리적으로 사고하는 사람에게 앞에서 말한 '남편이 너무 이해를 못하네'라는 답의 의미는 전혀 이해가 안 될 수도 있다.

여러분도 함께 생각해보자. 부인은 어째서 남편에게 화가 난 것일까?

남편이 부인의 기분을 먼저 생각해주지 않았기 때문이다. 부인이 말하는 것은 '옆집 부인에게 무시를 당한 것 같아서 앞으로 그곳에서 잘 살 자신이 없다'는 감정이다. 또 '집을 짓는 것 역시 겁이 나고 불안하다'는 심정을 계속 말했다. 그런데 남편은 이 마음에는 대답하지 않고 해결 방법을 말해버렸다. 부인이 화가 난 이유는 여기에 있다.

세미나에서 이 이야기를 하면 많은 여성이 이 대목에서 고개를 끄덕인다. 아마 비슷한 경험들이 있어서가 아닐까? 이것은 논리적 사고를 가진 사람으로써는 좀처럼 이해하기 어려운 일이다. 하지만 부부 간에 이런 차이를 이야기할 수 있는지 어떤지는 아이를 키우는 데도 중요하다. 왜냐하면 아이는 그야말로 감정을 바탕으로 살며, 아이들이 하는 말은 모두 감정이기 때문이다. 정말로 아이를 이해하고 응원하려면 감정에 잘 대응해야 한다.

평소 감정을 바탕으로 사는 사람은 자신은 감정을 잘 이해하고 있으니 괜찮다고 여길지도 모르겠다. 하지만 반드시 그렇게 생각할 것만은 아니다. 가령 상대방이 더 감정적인 경우에는 자신이 논리적인 사고를 하는 역할이 되어버리기 때문이다. 그 대표적인 예가 바로 아이들과의 관계이다.

예를 들어 아이가 학교에서 울면서 돌아왔다고 해보자.

"왜 그러니? 무슨 일이 있었어? 누가 무얼 한 거니? 그런 일이 있었구나. 어쩌면 그런 애가 다 있니? 너도 다음부터는 똑같이 대해!"

대개 아이가 우는 상황의 감정에 다가가지 못하고 일방적으로 해결 방법을 쏟아내기가 쉽다. 하지만 그 경우 아이는 '내 감정을 이해해주지 못한다면 더 이야기할 필요도 없어!'라고 느낀다. 부모가 논리적으로 대하면 아이와의 유대감이나 일체감은 형성되지 못하고, 아이는 점점 마음의 문을 닫게 된다. 부모가 마음으로 받아들이지 않는 한 아이의 마음은 열리지 않는 법이다.

하나의 예지만, 그런 경우에 "왜 그러니? 학교에서 무슨 일이 있었어? 그래 그것 참 힘들었겠구나!"라며 아이를 안아주면 아이는 부모와의 일체감을 느끼고 마음의 안정을 찾는다. 즉, 감정에 다가가는 것이 중요하다. 앞에서도 아이의 재능을 키우는 데는 안심할 수 있고 안전한 곳이 반드시 필요하다고 했다. 부부, 부모와 자식 간에 '감정'을 의식해 소통하면 아이의 재능뿐만 아니라 가족 간의 편안함, 안도감도 형성될 수 있다.

여기까지 읽고 '1급 건축사라더니 그런 것까지 생각하는 건가?'라고 생각하는 분도 있을 것이다. 건축사에도 여러 유형이 있어서

단정을 지을 수는 없지만, 나는 이것이 집을 짓을 때 '편안함'과 '눈에 보이지 않은 일체감'을 만들어내는 중요한 요소라고 생각한다. 이것을 중요시했을 때 말로 표현하기 힘들지만 일체감을 띤 좋은 느낌의 공간이 탄생한다고 확신한다.

핵심 키워드
#창의성을 키우는 집의 구조
#거실의 중요성
#책상 활용법
#책 읽는 아이
#인테리어 고민
#자연친화적인 집
#행복이 있는 집

제2부

창의적인 아이로 키우는 집의 비밀

아이가 생기면서 엄마들은 조금 더
쾌적하고 기능적인 공간으로서의 '집'에 대해 고민하기 시작한다.
아이에게 지금의 집은 어떤 의미이며 공간일까?
아이는 집을 행복하고 편안한 공간으로 느낄까?
수많은 부모를 만나 집 짓기를 함께하며 나는 그들이 생각보다
아이와 집에 대해 대화하지 않는다는 사실을 알았다.
아이에게 어떤 공간을 제공할지 고민하기 전에
아이와 집에 대해 깊이 있는 대화를 나누는 것이 중요하다.
엄마들이 그토록 원하는 집중력, 창의력, 행복한 집의 비밀은 바로 거기에 있다.

부모와 자연스레 토론하는 공간을 만들자

오늘날 집에는 리빙 다이닝(living dining, 주방만을 독립시키고, 식사실과 거실을 편안히 지내는 공간으로서 일체화시키는 플래닝-역자)은 가족 단체모임의 장소, 개인실은 사생활을 지키는 곳이라는 생각이 기본에 깔려 있다. 물론 이러한 개념도 중요하지만 리빙 다이닝은 사실 아이의 성장과 재능을 키워주는 데 더 중요한 기능을 한다.

나는 주거환경을 연구하면서 리빙 다이닝이 아이들에게 '사회를 상징하는 장소'로 기능한다는 것을 실감했다. 왜냐하면 리빙 다이닝은 사회의 최소 단위인 가족과 함께하는 공간이기 때문이다. 적게는 스무 살, 많게는 마흔 살 정도 나이가 많은 남녀(부모), 나이가 비슷한 남녀(형제)가 있는 환경은 그야말로 사회의 최소 단위라고 할 수 있다.

'세 살 버릇 여든까지 간다'라는 말이 있지 않은가. 아이들은 실제로 리빙 다이닝에서 사회생활의 많은 것을 배운다. 나이 차이가 많은 사람들과 어떻게 이야기를 나누는지, 같은 세대의 또래들과 어떤 관계를 만들어갈지의 기초가 여기서 제일 먼저 형성된다. 이때 경험한 가족과의 유대는 어른이 되어 사회에 나갔을 때의 바탕이 된다.

나는 리빙 룸(거실)은 사회 자체나 냉혹함을 배우는 장소, 다이닝 룸(식사실)은 사람들과의 유대를 느끼고 심성을 키우는 곳이라는 지론을 갖고 있다. 그러니 가령 리빙 룸에 텔레비전이 놓여 있고 모두가 모여서도 텔레비전만 보며 시간을 보낸다면, 아이가 사회와의 유대를 느낄 수 있는 기회를 해칠 가능성이 있다. 그에 반해 텔레비전의 뉴스를 보면서 부모와 자식이 토론을 한다면 사회와도 이어지는 행위라고 할 수 있다.

아이들은 다이닝 룸에서 차를 마시고 과자를 먹으면서 엄마에게 고민을 털어놓는다. 신기하게도 사람은 맛있는 음식을 먹을 때는 불안을 느끼지 않는다. 맛있는 것을 먹으며 나누는 즐거운 대화는 가족의 따뜻한 정을 느끼게 한다.

리빙 룸은 예전으로 말하면 화로가 놓인 모임의 중심 장소이다. 이곳을 활용해 부모와 자식이 이야기를 나눈다면 '개인의 주장을 확실히 이야기할 수 있고', '장소의 분위기를 파악하는' 기술도 습득할 수 있다. 이처럼 리빙 다이닝에서 얻을 수 있는 경험은 지금의 사회에 요구되는 자질의 원형이다. 리빙 다이닝이 아이들에게 어떤 특유의 기능을 갖는지 파악하고 제대로 활용할 방법을 찾아보자.

아이의 자립 시기부터 결정하자

아이에게 집이 갖는 의미가 무엇인지 명확히 하려면 부부가 장래에 아이가 어떻게 크기를 바라는지의 방향성과 아이의 재능을 맞춰가는 것이 중요하다.

'아이가 가급적 빨리 자립해서 나갈 수 있는 집을 만들자.'

'사회인이 되어서도 집에서 통근을 한다면 방세를 받고 길어도 삼 년까지만 살게 해야지.'

이런 생각으로 아이의 자립심을 키우고 집 자체도 부부를 위한 것으로 만들려는 사람들도 있다. 반대로 이렇게 생각하는 이들도 있다.

'아무리 애가 크고 어른이 되어서 집을 나간다고 해도 언제든 돌아올 수 있는 공간을 만들어주고 싶다.'

'아이 방은 아이의 추억이니까 소중히 남겨두고 싶다.'

이것은 어느 쪽이 옳다 그르다 이야기할 수 있는 문제가 아니다. 가정과 부부에 따라서 생각은 천차만별이다. 하지만 이것에 대한 방향성이 부부 간에 공유되지 않은 경우에는 아이가 혼란을 느끼게 된다. 오늘날 자녀가 어른이 되어 '은둔형 외톨이'나 '패러사이트 싱글'이 된 가정을 보면 부부 사이에 이런 이야기들이 공유되지 않은 경우가 많다.

참고로 패러사이트 싱글에 대한 오해도 여기서 짚고 가겠다. 대개 패러사이트 싱글이라고 하면 어른이 되어서도 자립하지 못한 인간이라는 시선으로 보기 쉬운데, 전부 그렇다고 할 수만은 없다. 왜냐하면 결혼해도 부모나 형제, 친척 등 가까운 사람들과 함께 사는 경우도 있기 때문이다. 그러니 부모와 함께 산다고 해서 성숙하지 못한 '패러사이트 싱글'로 간주하는 것은 본질에서 벗어나는 일이다.

다음과 같은 주제로 부부가 함께 이야기를 나눠보자.

- 아이에게 집이 어떤 의미였으면 좋겠는가?
- 아이 방은 남겨주고 싶은가?
- 어느 시기에 자녀가 독립을 했으면 하는가?
- 아이는 어떻게 하고 싶다고 이야기하는가?

가장 중요하는 것은 부부가 생각을 공유하는 일이다. 아이가 집을 어떻게 생각하면서 자라기를 바라는가? 이번 기회에 부부와 가족 간에 이야기를 충분히 나눠보면 좋겠다.

창조적인 아이를 키우는 집의 구조

나는 지금까지 수백 쌍의 부부를 상담해왔는데, 실제 예술가와 프로듀서를 비롯해 나이로 치면 30대에서 70대까지 다양한 분이 집을 지었다. 흥미로운 것은 업종과 직종에 관계없이 매우 독창적이고 특이한 발상을 하는 가족도 있었다는 사실이다. 그리고 그들이 가진 요소는 아이를 더욱 창조적으로 키우는 환경으로 이어졌다. 이제부터 이러한 가족을 '창조적인 가족'이라는 의미에서 크리에이티브 가족이라고 부르겠다.

크리에이티브 가족은 어떤 점을 생각해 집을 짓고 구조를 정했을까? 이야기가 조금 길어지지만, 창조성을 더 함양할 수 있는 구조라는 관점에서 이들 가족의 특징과 신념에 대해 소개해볼까 한다. 크리에이티브 가족과 만나서 제일 먼저 '우와, 과연!'이라고 감탄한 것은 '자신들이 살 환경'에 대한 확고한 신념을 갖고 있어서였다.

사실 대부분 주거환경에 대한 신념이 매우 낮다. 특히 주거환경의 '아름다움'에 대해 생각하는 사람이 매우 적다. 다른 선진국에서는 집을 갖고 싶은 이유 중 상위에 반드시 들어간다고 할 만큼 '아름다운 환경에 살고 싶다'는 항목의 중요도가 높다. 그에 반해 우리는 상위권 내에서 이런 항목을 전혀 찾아볼 수 없는 실정이다.

그 이유로는 '직장과의 거리', '양가 부모님 댁과의 거리', '구입 가능한 집값의 범위' 등의 우선순위를 통해 추측해볼 수 있다. 그렇지만 크리에이티브 가족은 환경에 대한 의식이 매우 높은 특징을 보였다. 아이가 즐겁게 뛰놀며 시간을 보낼 수 있는 학교를 찾아 살 집을 바꾼 상담자도 있었다.

어떤 상담자는 주위의 숲이 마음에 든다는 이유로 땅을 샀다. 또 어떤 상담자는 앞으로의 전개할 사업을 생각해 3년 후 자신의 이미지에 딱 맞는 해외로 거주지를 옮겼다. 그저 물과 공기가 맛있는 곳을 찾아 자연환경이 풍요로운 곳에 집을 지은 가족도 있다. 이러한 크리에이티브 가족의 생각의 뿌리에는 '집을 가족 모두가 즐거운 최고의 장소로 만들고 싶다', '창조성과 재능을 더 발휘할 수 있는 장소를 고르겠다'라는 것이 있었다고 보인다.

여기까지 이야기하면 "예산이나 선택의 자유도가 높은 가족이 아니면 그렇게 할 수 없어요!"라는 분들도 있을지 모른다. 하지만 반드시 그렇지만은 않다. 왜냐하면 처음부터 지역을 정해두고 시작하기보다는, 많은 선택지 중에서 자신들에게 맞지 않는 장소를 제외해가는 편이 이상에 더 가까운 토지를 구하게 되는 경우가 많기 때문이다. 실제로 직장 때문에 거주지역이 한정되는 분도 '녹음이 푸르고 아침에 새 소리를 들으면서 깰 수 있는 곳'을 찾다보니 시내에서 그리 멀리 떨어지지 않은 곳에서도 알맞은 땅을 발견했다. 또 근처에 푸르른 녹음의 정원이 자리한 토지를 찾은 사례도 적지 않다. 처음부터 제한을 두지 말고 자유롭게 발상하도록 하자.

크리에이티브 가족이 지은 집을 대략적으로 살펴보면 몇 가지 공통점이 있다. 아이를 더 창조적으로 키우고자 할 때의 응용 포인트로서 소개하겠다.

❶ 언제든지 책을 읽을 수 있는 독서 공간이 있다

크리에이티브 가족의 집을 방문해보면 반드시라고 해도 될 만큼 도서 코너나 서재가 공통적으로 자리하고 있다. 그들은 장서의 수가 매우 많다는 특징을 보이며 아이의 도서 코너에는 위인의 전기 등이 꽂혀 있다. 어떤 집주인은 이렇게 이야기했다.

"책은 인류의 지혜를 담고 있어요. 그런 책을 쌓아두거나 그냥 숨겨두는 것은 아까운 일이죠. 그래서 독서 공간에서 언제든 책의 표지를 바라볼 수 있도록 하는 거예요."

어른이 독서를 즐기면 아이도 책에 흥미를 갖는 법이다. 집의 규모에 따라서도 다르지만 40평 이내의 집이라면 거실의 한 코너나 작업 공간의 한 벽면, 복도의 일부 공간을 활용해 도서 코너를 만드는 것도 좋은 방법이다.

❷ 언제든지 손님을 맞이할 수 있는 공간이 있다

크리에이티브 가족의 대부분은 매우 친화성이 좋아서 손님을 집에 초대하기를 즐긴다. 집의 규모에 따라서 달라지지만, 전용 응접실을 만드는 사람도 있고 거실을 함께하는 공간으로 개방한 집도 있다. 앞서 이야기했듯이 아이의 자립심을 키워주는 집은 손님을 거실로 초대하는 가정문화를 갖고 있다. 요리연구가인 엄마의 친구가 놀러와 엄마와 함께 거실에서 요리로 이야기꽃을 피우는 것을 듣고 본 경험이 딸들이 요리의 길을 꿈꾸게 된 계기였듯 말이다.

또 집이라는 안전한 장소에서 사회인들과 접하는 경험은 아이에게도 자극이 된다. 사업가인 한 상담자는 어릴 때 아버지가 응접실에서 손님을 맞이할 때면 늘 같이 있었다는 이야기를 들은 적이 있다. 어릴 때부터 사회인과 접하는 경험은 아이의 사회성을 키운다는 점에서 매우 중요하다.

물론 손님을 초대하려면 집을 정리해야 하고 번거로워 꺼려하는 사람도 있을 것이다. 사람을 초대하는 것을 즐기는 어떤 이는 "누군가 온다고 생각하면 집을 정리해야 한다는 부담을 갖는다. 그러니 친한 친구들을 자주 놀러오게 하는 것이 포인트다."라고 했다. 우선은 마음이 맞는 친구를 초대하는 데서 시작하는 것이 좋겠다. 물론 거실에서 수다를 떨기만 해도 충분하다.

❸ 불, 물, 나무 등의 자연과 직접 맞닿아 있다

크리에이티브 가족은 자연소재, 자연환경과의 접촉을 매우 소중히 여긴다. 예를 들어 이들 가족에게는 직접 불을 바라볼 수 있는 난로가 특히 인기다. 최근에는 펠릿 스토브라고 하는 작고 취급이 용이한 타입의 난로가 보급되고 있다. 원래 인류는 불을 사용하면서부터 뇌가 점차 진화했다고 하지 않는가. 난로의 불꽃을 바라보고만 있어도 뇌가 활성화되는 부분이 분명 있을 것이다.

수영장도 인기다. 물론 개인용 수영장이 일반적이지는 않다. 반드시 주택 부지 내에 수영장을 만들지 않더라도 가까운 공공 수영장이나 스포츠클럽의 수영장을 자주 이용하면 된다.

이처럼 불, 물, 나무 등의 자연을 접하는 것이 인간이 본래 지닌 본능을 자극하고 마음을 편안하게 해준다고 생각한다. 그밖에는 부지 내에 흙을 직접 느낄 수 있는 곳을 만들거나 실내에서도 흙마루와 같은 공간을 만들어 예술적 취미가 있는 사람들의 재능을 더 키워준 예도 있다.

더 쉬운 방법은 실내에 관엽식물을 두거나 정원에서 식물을 가꾸는 일이다. 불, 물, 땅, 나무를 집 안, 또는 주택 부지 내에서 접할 수 있는 환경에 대해 생각해보기를 바란다.

❹ 전용 영상실, 음악실, 회화실을 가지고 있다

인간의 뇌를 자극하는 소재로 영상이나 소리도 빼놓을 수 없다. 크리에이티브 가족은 대부분 영상을 보기 위한 설비와 환경을 갖추는 데도 열심이었다.

최근에는 대형 텔레비전도 보급되고 있으며 고휘도의 프로젝터 등을 활용해 영화처럼 대화면의 영상을 즐길 수 있다. 다만, 텔레비전 프로그램만 보는 것이 아니라, 영화나 다큐멘터리 영상, 애니메이션 등의 관람이 주된 목적이다. 큰 화면을 사용해 몸 전체로 영상을 즐기는 것이리라.

직업이나 취미로 음악을 하는 사람은 전용 음악실을 만들기도 한다. 부모가 음악을 즐기면 자연히 아이도 음악을 가까이 하고 관심을 보이게 된다.

영상실이나 음악실을 만들 경우에 주의할 점은 방음 대책과 음의 울림을 조정하는 일이다. 현재의 기술이라면 목조, 철골, 철근 콘크리트 등의 구조에 관계없이 상당한 방음효과를 확보할 수 있다.

집의 규모에 따라 영상실 같은 특별실을 만들지 못하는 경우도 있다. 물론 집의 규모와 상관없이 거실에 대형 스크린을 달아 영화관처럼 프로젝터 영상을 즐기는 사람도 있다.

또 역시나 아이의 미의식을 키워주기 위한 장소를 만들기도 한다. 바로 그림을 그리거나 장식하는 곳이다. 최근에는 가족실이나 워크 룸의 한 벽면을 칠판으로 만들어 그림을 그릴 수 있도록 하거나, 벽에 화이트보드를 설치하는 등 독특한 아이디어도 나오고 있으니 생각해볼 만하다.

❺ 보다 건강한 인테리어를 위해 노력한다

다섯 번째는 할 이야기가 많다. 우선은 인테리어에 대한 생각이다. 나는 가구를 집과 함께 디자인하다 보니 크리에이티브 가족의 가구에 대한 신념을 매일 실감한다. "평생 사용할 것이니까 이 가구 작가의 식탁을 놓고 싶어요.", "마음에 드는 소파를 주문해두었으니, 거기에 맞게 거실을 설계해주세요."라는 등의 희망사항이 쏟아진다.

또 가구를 충동적으로 사거나 저렴하다는 이유로 구매하는 법은 거의 없다. 하나하나 신중하게 가구를 선택하고 음미한다. 가구는 집과 달리 운반할 수 있으니 평생 쓸 물건이라고 생각하는 것이다. 자녀에게 물려줄 가구를 가지고 있는 사람도 있다.

다음은 향기에 대한 생각이다. 가족들이 대화를 통해 그날의 기분이나 방의 분위기에 맞춰 향과 아로마를 활용한다. 향기는 긴장을 풀어주고 집중력을 높이는 효과가 있다.

마지막으로 소개할 것은 크리에이티브 가족의 풍수와 자기장 개선을 위한 노력이다. 일반적으로 풍수는 미신으로 치부하기 쉽지만 엄연한 통계학에 기초하고 있다. 예를 들어 앞에서 말한 음악실을 지을 때는 집의 중심에서 보아 동쪽 방위가 음악과 궁합이 좋으니 레이아웃을 검토할 때 정보로 활용하고는 한다.

또 토지에는 자기장이 존재한다. 혈액을 예로 들면 끈적거리는 혈액과 맑은 혈액을 생각하면 이해가 수월하다. 자기장의 흐름이 원활한 땅과 그렇지 못한 땅이 있다는 말이다. 당연히 흐름이 원활한 곳이 더 안정적이다. 일반적으로 자기장의 균형이 깨진 곳에서는 집중력도 흐트러지기 쉽다. 몸도 더 피로해지고 초조함을 느끼는 현상도 발생하기 쉽다고 한다.

땅의 자기장은 측정용 기계를 이용할 수도 있고 개선하려면 숯이나 수정을 비롯해 관엽식물, 천연소재의 도료를 바른 벽 등이 효과적이다. 실제로 아이의 집중력이 산만해 고민하던 고객이 리폼을 하며 자기장을 개선했더니 상태가 좋아진 사례가 있다.

거실에 텔레비전을 두는 것이 문제다

대개 거실, 혹은 식사하는 공간에 텔레비전을 놓는 집이 90퍼센트 이상을 차지할 것이다. "텔레비전이 없는 생활은 상상할 수 없다."라는 분들도 많고, 거실을 바라보는 형태의 부엌을 원하는 이유도 텔레비전을 보면서 요리하고 싶어서라는 경우도 많다.

이처럼 생활의 일부가 된 텔레비전은 아이의 성장에 어떤 폐해를 가져올까? 집이 아이의 주거환경이라는 관점에서 살펴보자.

우선 식사하는 공간에 텔레비전이 있는 경우, 밥을 먹으면서 가족들이 대화를 나누고 즐거운 시간을 갖는 것을 방해할 가능성이 있다. 예를 들어 텔레비전을 보면서 식사를 하면 화면에 집중하느라 음식의 맛조차 느끼지 못하는 사람도 많다. 그렇게 되면 정성껏 음식을 준비한 사람도 기운이 빠지고, 결국 의무감으로 요리에 임하게 된다.

아이는 식사를 하면서 가족 간의 일체감, 편안함을 느끼고 소통을 배운다. 물론 요리를 해주는 엄마의 애정도 느끼기 마련임을 생각하면, 텔레비전을 보면서 식사하는 것은 특히 어린아이에게 식사 시간을 재미없다고 여기게 할 수도 있다.

최근에는 녹화 기능도 발달했으니 식사 중에 방송되는 텔레비전 프로그램은 녹화를 해두고 다른 시간에 보는 것이 좋겠다. 또 텔레비전을 단순히 일방적인 정보원으로 받아들이지 말고, 가족들이 즐겁게 대화하는 정보원으로 이용하면 텔레비전은 소통을 늘려주는 존재가 된다.

또 종종 듣는 걱정거리 중 하나가 리빙 다이닝에서 공부하는 시간과 텔레비전을 보는 시간이 겹친다는 이야기다. 아이의 심리는 '텔레비전을 보면서 공부를 하고 싶으니까 거실에 있는 것'이다. 하지만 부모의 입장에서는 '다른 것을 하면서 공부하는 행동은 좋지 않다'고 생각하니, "네 방에서 공부하라."라고 말하게 된다.

앞에서도 이야기했지만 '방에서 공부하는 것=가족들과 함께 있을 수 없는 것=싫다'는 도식이 아이의 머릿속에는 각인되어 있다.

그래서 거실에 있는 것인데, 이것이 공부를 시키려는 부모님의 생각과는 반대되는 행동으로 비춰진다. 그렇다면 어떻게 하는 것이 좋을까?

아이가 공부하는 시간대의 프로그램을 녹화하고 부모와 아이가 함께 거실에서 독서를 하거나 신문을 읽는 것이 좋다. 하지만 꼭 텔레비전을 보고 싶다면 음량을 줄이고 보자. 그러면 아이는 공부에 집중할 수 있다. 나중을 생각하면 주변이 조금 시끄러워도 집중하는 능력을 기르는 편이 더 낫다. 가장 지양해야 할 것은 "어른들이 텔레비전을 보고 있으니 네 방에 들어가서 공부해라."라며 아이를 들여보내는 행동이다.

천장이 높을수록 창의력이 쑥쑥

천장이 높은 편이 좋은가에 대해서는 개인적으로 일정한 높이의 천장뿐만 아니라 더블 하이트 구조처럼 역동적인 높이의 공간도 있는 편이 유연한 사고를 하는 데 도움이 된다고 생각한다. 실제로 높이에 변화가 있는 집과 그렇지 않은 집의 경우, 아이의 행동이 달라진다.

예를 들어 더블 하이트 구조로 된 집의 아이들은 바람이 지나가는 통로 등을 어떻게든 놀이공간으로 만들려고 애쓴다. 실제로 타고 올라갈 수 있는 봉을 설치해서 즐기는 아이도 있다.

또 위에서 종이비행기를 날리거나 계단에서 공을 던지고 받는 등 어른들로서는 상상하기 힘든 놀이를 생각해낸다. 로프트 역시 이와 같은 효과가 있다. 이러한 창의적인 발상은 사물을 다각적으로 바라보는 시각으로 이어지고 아이의 재능을 키워주는 요소가 된다.

가령, 지금 집의 천장이 일정한 높이로 되어 있다면 2층 침대를 설치하거나 천장에 그네를 매다는 등 하늘과 땅의 공간을 역동적으로 사용할 수 있는 요소를 가미하면 동일한 효과를 얻을 수 있다. 부디 유연한 사고로 집을 아이의 창의력을 키워주는 공간으로 만드는 데 도전해보자.

은둔형 아이를 만드는 집은 따로 있다

많은 사람이 은둔형이 되기 쉬운 집의 구조와 그렇지 않은 구조가 있다고 이야기한다. 은둔형이 되기 쉬운 구조는 현관에 들어갔을 때 곧장 계단이 나오고 2층의 아이 방으로 직행할 수 있는 형태다. 또 3평 이상의 넓이로 쾌적하고 지내기에 편한 방일 경우에 더욱더 그러하다고 한다.

그래서 '거실을 통과해 방으로 들어가는 구조가 중요하다', '자기 방이 너무 편하면 아이가 방에서 나오려 하지 않을 테니, 약간 불편하게 만드는 것이 좋다'라는 정보도 있다. 나는 그럴 수도, 또 아닐 수도 있다고 생각한다.

왜냐하면 은둔형이 되기 쉽다는 구조에서도 건전하게 잘 자란 아이들이 많기 때문이다. 반대로 거실 내 계단이 있는 집에서도 은둔하는 아이들이 생겨나지 않는가? 동일한 구조의 집에서 왜 그런 차이가 생기는 것일까? 앞에서도 이야기했듯이 아이가 '가족과 함께 있는 것보다 자신의 방에 있는 것이 낫다'라고 여기기 때문이다.

귀에 부스럼이 생기도록 강조했지만 다시 한 번 말하겠다. 방의 구조를 생각하기에 앞서 '어떻게 하면 아이가 부모와 함께 있는 것을 즐겁게 여길까?'를 고민해야 한다.

본디 아이들은 가족과 함께 있기를 상당히 좋아한다. 제2차 반항기에 들어서면 자신의 방에서 보내는 시간이 늘어날 수도 있지만, 그래도 가족들과 함께 즐거운 시간을 보내온 경험이 있는 아이는 부모에게 고민을 상담하기도 하면서 가족과의 시간을 소중히 여긴다. 가족 심리카운슬러인 내 아내와 이야기하다가 깨달은 점이 있다. 아이들이 방에서 나오지 않게 되는 까닭에는 크게 두 가지 유형이 있다는 사실이다.

첫 번째는 어릴 때 부모와 함께 보낸 시간이 너무 적었거나 애정을 충분히 받지 못한 유형이다. 또 하나는 과도한 간섭을 받으면서 자란 유형이다. 전자의 경우는 함께 있어도 자신이 이해받고 있다는 생각이 들지 않으니 절망을 느끼고, 후자는 과도한 관심 때문에 속박을 느낀다. 만약 아이가 방에서 혼자 있으려는 경향을 보인다면 어떤 유형에 해당되는지 살펴보고 그에 맞게 대응하는 것이 중요하다.

주거환경과는 조금 다른 이야기가 되어버렸는데 은둔형 외톨이 현상의 개선을 생각했을 때 반드시 주거환경이 결정적이지만은 않다는 것을 기억하자. 이것은 건축사로서도 통감하는 바이다. 물론 주거환경이 중요한 보조적 역할을 하니 이를 개선하는 것과 병행하는 관점을 가지면 좋겠다.

부부의 각방 사용이 아이에게 미치는 영향

부부의 침실은 1960년대 이후에 보급되기 시작했는데 실제 사용 실태를 들어보면 부부가 함께 자는 경우는 의외로 적다. 30~40대의 경우에 15~25퍼센트, 70대 이후의 경우 절반에 가까운 49퍼센트가 각방을 사용한다고 답했다.

이유는 아침에 일어나는 시간대가 너무 다르다, 또는 남편이 코를 심하게 곤다, 어린아이를 키우는 중이라서 그렇다는 등 각양각색이었다. 그렇다면 이런 생활이 아이의 성장에 어떤 영향을 줄까?

우선 육아 중인 세대를 살펴보면 아이와 엄마가 같은 방을 쓰고 아빠가 다른 방에서 잔다. 이 경우에 생각되는 영향은 아빠가 바빠서 집에 없을 때 발생하기 쉽다. 예를 들어 어느 정도 아이가 성장했는데도 엄마가 혼자 자는 것이 외로워서 아이가 더 클 때까지 함께 자려고 하게 된다. 이때 아이가 혼자서 자기 시작하는 시기를 놓치게 될 가능성이 있다. 그러니 아이가 혼자서 자고 싶다고 말한다면 어떤 의미에서는 부모의 각오가 필요하다.

다음으로 아이가 혼자서 자게 된 후로도 부부가 각방을 쓰는 경우다. 이 시기 아이는 다른 가족과 비교할 수 있는 정도의 정보를 갖는 나이이니, '어째서 우리 부모님은 따로 자는 걸까?' 하고 의문스럽게 여길 수도 있다. 아이에 따라서는 사이가 안 좋은 것이 아닌지 걱정을 할지도 모른다.

그러니 단순히 부부의 생활리듬이 달라서 각방을 사용하는 것이라면 아이에게 사실을 정확히 알려주어야 한다. 또한 코골이가 이유라고 설명한다면 아이도 안심할 수 있을 것이다.

참고로 침실에 대한 부부의 생각 차이에서 흥미로운 점을 발견했다. 대부분의 경우 자신의 부모가 어떻게 했는지에 큰 영향을 받고 있었던 것이다. 즉, 현재 부부가 각방을 사용한다면 아이가 자라서 각방의 사용이 당연하다고 여길 수 있다는 말이다. 아이에게 각방을 사용하는 이유를 설명해준다면 다르겠지만, 그렇지 않으면 아이의 장래 부부생활에까지 영향을 미칠 수 있음을 잊지 말자.

학습용 책상을 제대로 활용하는 법

실제로 초등학교 입학과 동시에 구입하는 학습용 책상을 제대로 활용하는 아이는 거의 없다. 그렇다면 학습용 책상은 어떻게 사용하는 것이 좋을까? 초등학교에 입학할 무렵 아이는 책상을 선물 받아서 기쁘다는 생각밖에 하지 않는다. 점차 학년이 올라가면서 자신의 영역을 원하게 되는데, 이때 책상을 자신의 영역으로 삼고 거기서 공부를 하고 싶어 하지는 않는다.

왜냐하면 아직은 엄마 곁에서 공부하는 것이 좋다고 느끼는 나이이기 때문이다. 책상이 생겨서 기뻐하는 아이의 모습을 보면 부모는 이 책상에서 공부도 열심히 하기를 바라겠지만, 책상이 엄마가 평소 지내는 장소와 떨어져 있으면 아이는 싫어한다. '아직 엄마 곁에 있고 싶은' 아이에게는 '엄마와 떨어지는 행위'는 곧장 싫다는 감정으로 연결된다.

그러니 이 시기에 엄마와 떨어진 장소에 책상을 두고 공부를 시키려고 하면 책상 자체를 기피하게 된다. 책상 하나 때문에 부모 자식 간의 관계가 삐걱거린다면 이 얼마나 우스운 일인가? 만약 이때 책상을 잘 활용하게 할 생각이라면 엄마가 늘 자리하는 장소 옆에 설치하는 것이 현명하다.

그렇게 생각하면 일반적으로 거실이나 부엌 옆이 될 텐데, 거기에 책상을 놓을 만한 공간이 없는 집이 많다. 게다가 학습용 책상이 거실의 인테리어와 어울리지 않는다면 더 고민스러울 것이다. 이 시기 책상은 공부하는 곳이라기보다는 아이만의 영역을 만들어주기 위한 도구라고 생각하는 것이 적합하다.

책상을 놓을 장소 때문에 고민이라는 상담 의뢰를 자주 받는데, 그런 고민을 하는 데는 다 까닭이 있다. 애당초 학습용 책상은 우리만의 특이한 문화다. 유럽의 경우 공부는 학교에서 하는 것이라고 여기기 때문에 학습용 책상 자체가 거의 존재하지 않는다.

공부방의 폐해를 생각해보아도 혼자서 공부하기 위한 학습용 책상이 정말로 필요한지는 의문이 든다. 아이 방을 공부방으로 활용하기 위해 책상을 두려는 것이라면 절대 권하지 않는다. 하지만 취미나 작업을 하는 공간 또는 거실, 가족실에서 책상을 활용해 아이의 재능을 이끌어낼 수는 있다고 본다. 왜냐하면 어른이 되어 직장에 들어가면 기본적으로 한 사람에게 하나씩 책상이 주어지기 때문이다.

일본 최초의 '정리 컨설턴트'로 유명한 고마쓰 야스시는 "직무 책상을 정리하지 못하는 사람이 많아서 하루 중 평균 30분에서 1시간은 물건을 찾는 데 소비한다. 직장에 근무하는 사람들의 수를 생각하면 상당한 시간이 낭비되고 있는 셈이다."라고 지적한 바 있다. 또한 "이것은 아이에게도 중요한 요소이며, 책상을 정리하는 습관이 매사의 집중력으로 이어진다."라고도 했다.

또 하나, 학습용 책상이 물건을 가득 수납할 수 있도록 설계되어 있다는 사실을 아는가? 대부분 책상의 오른쪽에는 3단 서랍이 있고, 무릎 위의 부분에는 길쭉한 서랍이 하나씩 달려 있다. 오른쪽의 첫 번째 서랍은 문구 등을 넣는 곳이고, 가장 아래에 있는 서랍은 A4 크기의 파일을 넣어두기에 적합하며, 가운데의 서랍은 무엇이든 넣기에 좋다고 한다. 아이가 가진 물건 중에 A4 크기의 파일에 해당될 만한 것이 있을까 싶겠지만 학원에서 나누어주는 자료를 수납하면 깔끔하게 정리된다.

중앙의 서랍은 무엇이든 넣을 수 있어 정리가 되지 않을 가능성이 크니 주의해야 한다. 부모가 자녀와 함께 무엇을 넣어두면 좋을지 생각해보는 것도 좋겠다. 서랍에는 무엇이 들었는지를 적은 테이프를 붙여두면 나중에 찾기가 훨씬 수월하다.

마지막으로 의자에 앉았을 때 무릎 위에 오는 서랍은 '일시적으로 처리 중인 서류를 넣는 곳'으로 설계되었다. 가령, 며칠 후까지 마무리해야 하는 숙제가 있는데 그것을 책상 위에 놓고 다른 물건을 올려두는 바람에 깜빡 잊어버린 경험이 있지 않은가? 그럴 때 도움이 되는 서랍이다. 이 서랍에 든 것은 며칠 안에 처리해야 하는 것이라는 생각이 자리를 잡으면 기한 내에 일을 마무리하는 습관도 기를 수 있다.

이처럼 어릴 때부터 학습용 책상의 사용법을 익혀두면 정리정돈 실력이 생길 뿐만 아니라, 사회에 나갔을 때도 유용한 지혜를 갖게 된다. 지금부터라도 아이와 함께 '학습용 책상에 대한 대화'를 시도해보자.

가족이 함께 공부하는 공간을 만들자

지금까지 책을 읽어온 여러분의 마음에 '그러면 학습용 책상은 어디에 두면 될까? 어디서 공부하는 것이 좋을까? 역시 부엌 옆 식사하는 공간이 나을까?'라는 의문이 남을지도 모르겠다.

이전에 한 세미나에서 "아이가 식탁에서 공부하면 지우개 찌꺼기 때문에 곤란해요. 그래도 식탁에서 공부를 시키는 것이 좋을까요? 학습도구도 주변을 어지럽히기 때문에 두고 보기가 힘드네요."라는 이야기를 들은 적이 있다.

많은 여성이 식탁을 깔끔하게 정리해두고 싶은 신성한 영역이라고 여기니 견디기 힘들 만도 하겠구나 싶었다. 그런데 그때 반대로

"아이는 어디서 공부하고 싶어 하나요?"라고 물어보았다. 그분은 아이가 식탁을 원하는 것 같다고 말했다. 결국 아이와 지우개 찌꺼기를 잘 치운다는 규칙을 정할 것과 학습도구를 식탁 근처에 수납하도록 조언했다. 실제 그런 형태로 리폼한 집이나 신축한 집도 있는데 정리가 잘 된다며 사람들의 반응이 좋았다.

자, 다시 본론으로 돌아가자. 여기서는 단순히 어디서 공부를 하면 되는지가 아니라 어떤 환경에서 공부하는 것이 아이에게 좋은가? 그리고 사회인이 되었을 때 도움이 되는 방법은 무엇인가? 일석이조의 관점에서 이야기해보겠다.

왜냐하면 공부라는 것은 장래에 사회인이 되었을 때 일을 하는 스타일로도 이어지기 때문이다. 1부에서 혼자 방에서 공부한 결과 사회에 나갔을 때 직면하게 되는 일들에 대해서 언급했듯이 공부는 직장생활에도 많은 영향을 준다. 만약 아이가 커서 즐겁게 사회생활을 했으면 좋겠다고 바란다면 혼자 공부하는 환경은 오히려 사회인이 되었을 때 스트레스를 주는 요인이 될 수 있다.

그래서 나는 '가족이 같이 공부하는 장소(작업 공간)'나 '가족 전용 거실'을 만들라고 권한다. 집의 규모가 작은 경우에는 거실이나 부엌의 한 구석에 학습도구를 수납할 수 있는 선반을 만들면 공간을 확보할 수 있다.

아이가 공부하는 동안 옆에서 엄마가 잡지를 읽거나 아빠가 컴퓨터로 문서를 작성하고 누나가 같이 그림을 그리는 등, 가족이 함께 공부하는 장소는 장래의 직장환경과 똑같다. 어릴 때부터 그런 곳에서 스트레스 없이 공부할 수 있으면 훗날 어디서든 집중력을 발휘하게 된다.

물론 주의도 필요하다. 아이들 중에는 혼자 있을 때 재능을 더 발휘하는 경우도 있기 때문이다. 앞의 이야기는 일반론이니 우리 아이가 어떤 유형인지를 잘 살펴보는 것이 중요하다.

부모와 자식 간의 정이 돈독해지는 인테리어

집 짓기 상담에는 가족들이 함께 오는 경우가 많은데 2시간 남짓의 상담 시간 동안 가만히 앉아 있는 아이는 드물다. 중요한 이야기를 하려고 할 때 "이것 좀 봐요!"라면서 말을 거는 아이들이 많다.

평소 생활 속에서도 이런 경우는 종종 있다. 예를 들어 저녁 준비를 하며 도마 위의 재료를 썰고 있는데 "엄마, 이것 좀 봐요!"라고 아이가 앞치마를 잡아당겨서 "위험해!"라고 소리를 지른 경험이 있지 않은가?

물론 엄마의 입장에서 보면 '칼질을 하고 있던 손이 미끄러지기라도 하면 위험해', '앞치마를 잡아당기니 칼이 아이 쪽으로 향하게 된다면 큰일이야'라고 생각하는 것은 당연하다. 하지만 아이는 '어떤 상황에서든 나를 봐줘요'라는 듯이 꼭 그런 순간에 돌발적인 행동을 한다.

이 이야기를 들은 어떤 여성이 역시나 식칼을 들고 있을 때 네 살짜리 딸이 "엄마, 엄마!" 하며 달려왔다고 한다. 그때 칼을 부엌의 안전한 곳에 놓고 아이를 향해 몸을 돌려 "무슨 일이니?"라고 물었다고 했다. 그러자 아이는 밝게 미소를 지으며 이야기를 했는데 1분 정도가 지나자 다시 거실로 달려갔단다. 만약 이때 도마 위의 재료를 썰면서 흘낏 "뭐니?"라고 했다면 아이는 평소처럼 떼를 썼을지도 모르겠다고 그 여성은 말했다.

이 예에서도 알 수 있듯이 아이에게 가장 중요한 것은 부모가 얼마나 자신을 바라봐주는가 하는 점이다. 그것이 여실히 드러나는 것이 바로 부엌의 형상이다. 예를 들어 식탁을 등지는 부엌이나 방으로 독립되어 있는 부엌의 경우에 부모는 몸을 돌려서 아이를 바라봐주려는 생각을 머릿속에 갖고 있어야 한다. 하지만 식탁과 마주보는 형태의 부엌이라면 텔레비전을 보면서 요리할 수 있을 뿐만 아니라, 아이가 "엄마 여기 봐요!"라고 말을 걸어왔을 때도 즉시 대응하기 쉽다. 기껏 마주보는 부엌을 만들었으면서도 흘낏 쳐다보며 "뭐니?"라고 말한다면 아무 소용이 없겠지만 말이다.

부엌에 서서 아이와 눈을 맞출 수 있는 환경은 아이의 재능을 키우는 데 무척 중요한 요소인 '아이 마음의 안심'으로도 이어진다. 요리 때문에 다른 것을 생각할 여유가 없을지라도 이 사실만은 기억해두자.

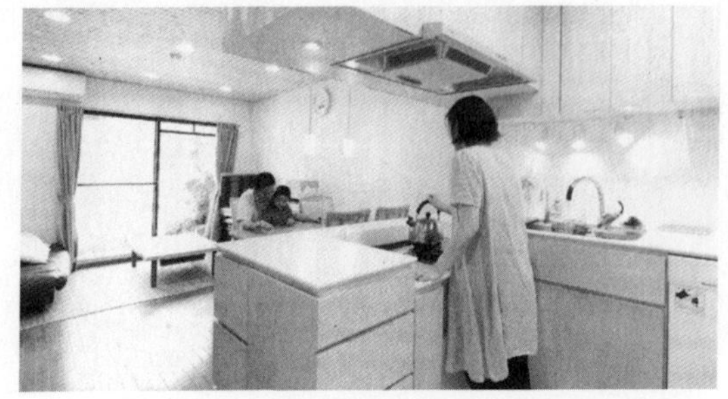

거실과 마주보는
부엌으로 리폼한 예

부엌 리폼 전

부엌 리폼 후

아이와 눈을 맞출 수
있는 부엌으로
리폼한 맨션의 예

엄마가 한 번은 고민해야 할 집에 관한 생각 4가지

❶ 집을 갖는다는 것은 어떤 의미일까?

우선 생각할 것은 집을 갖는 '의미'에 대해서이다. 주변에서는 '월세를 내느니 주택대출을 받는 것이 낫다'는 이유로 집을 사는 사람이 꽤나 많다. 물론 그것도 이유 중 하나일 수 있지만 '왜 집을 갖고 싶은가? 어떤 집을 갖고 싶은가?'를 생각하는 것도 중요하다.

가령, 다음과 같은 것들이 집을 갖는 의미가 될 수 있다.

- 아이에게 넓은 주거환경을 만들어주고 싶다
- 아이의 추억에 남을 수 있는 집을 만들고 싶다
- 아이의 자립심과 집중력을 키워주고 싶다
- 아이와 함께 많은 시간을 보내고 싶다
- 풍요로운 자연 속에서 아이를 키우고 싶다

'노부모님을 모시기 위해서'라는 부부와 자녀 이외의 목적을 가진 사람도 있을 수 있다. 하지만 여기에서는 부부와 자녀로 구성된 가족을 위한, 가족의 공통된 생각을 우선순위의 첫 번째로 가져가도록 하자. 지금까지 '아이가 공부를 열심히 했으면 좋겠다'는 이유로 공부방을 만들고 결과적으로 많은 폐해를 초래했다. 책을 읽으면서 느낀 점을 떠올리며 다시금 집의 의미에 대해 생각해보자.

❷ 부모와 자식이 꿈꾸는 행복은 어떤 모습일까?

앞서 이야기한 '월세를 내느니 주택대출을 받는 것이 낫다'라는 이유는 월세로 지불하는 돈이 아깝다는 식의 불만 해소에 지나지 않으므로 목적 자체가 무미건조하다. 또 쇼핑을 하듯 충동적으로 구매한 집은 1년이면 질려버린다고 한다. 그보다 훨씬 본질적인 목적이 필요하다.

- 집의 정원에서 흙에 뒹굴며 함께 뛰노는 행복
- 가족이 모두 모이는 식탁에서 허물 없이 대화 나누기
- 거실에서 함께 편안하게 쉬는 해방감
- 많은 친구를 초대할 수 있는 집에서 즐겁게 살기

여기서 중요한 것은 부모와 자식이 실현하고 싶은 행복의 모습, 즉 '행복한 꿈'이 들어간 생각이어야 한다는 것이다. 행복한 꿈에 대한 가족의 의견이 공통된다면 집을 갖는다는 것도 즐겁고 일 년 만에 지겨워질 일도 없으니 자녀들과 이것을 주제로 이야기해보자.

③ 어떤 환경에서 살고 싶은가?

어떤 환경에 살면 가족이 원하는 행복을 실현할 수 있을까? 시가

지에 살면 될까? 근교의 단지가 좋을까? 자연에 둘러싸인 숲속이나 바다가 보이는 환경은 어떤가? 혹은 도시를 조망할 수 있는 경치가 좋은 곳은?

직장까지의 통근 거리와 예산 문제가 있으니 생각만큼 선택지가 많지 않다고 생각하는 사람도 있을 것이다. 하지만 실제로 직장과는 먼 자연 속의 환경을 찾은 사람, 도시의 거리를 내려다볼 수 있는 최고의 경치를 찾은 사람도 있다. 자유롭게 상상한 뒤 어떤 환경에서 살고 싶은지 종이 위에 적어보자.

❹ 최종적으로는 누구의 집인지를 의식하자

드디어 아이의 재능을 키워줄 주거환경을 상세히 생각하는 단계에 들어섰다. 물론 이때 가장 먼저 생각해야 할 포인트는 '아이에게 집이 갖는 의미'이다. 어린아이가 살 집을 생각했을 때 필요한 것이 무엇인지 함께 살펴보자. 가족에게 집이란 가족이 함께 지내는 장소이다. 부부에게는 함께 생활하기 위한 기본이 되는 공간이기도 하고, 아이를 성장시킬 장소이기도 하다.

대부분의 사람이 주거환경을 아이 중심으로 생각하기 쉽다. "저는 어릴 때 제 방이 없었어요. 우선은 세 아이들에게 3평짜리 방을 각각 만들어주고 싶어요. 그리고 거실은 크고 수납공간도 많이 있었으면 좋겠어요."라는 것이 집 구조를 상담할 때 자주 듣는 희망 사항이다.

이런 바람을 다 수용하면 전체적으로 바닥 면적이 40평에서 50평 정도가 된다. 이 정도의 면적을 생각해도 결과적으로 집은 아이 방이 중심이 되고 거실이나 수납공간은 쥐꼬리만 해지기 십상이다. 언젠가 집은 부부만 사는 둘만의 공간이 된다는 사실을 잊지 말자.

예순이 넘은 분들은 "아이들이 성장해서 나가고 보니 집이 너무 넓은 것 같아요. 특히 2층에 있는 아이 방은 창고 신세가 되었어요. 다리가 안 좋아서 청소를 하러 올라가기도 힘들고, 어떻게 하면 좋을까요?"라는 고민을 자주 털어놓는다.

집을 30~40년씩 계속 살 공간이라고 생각한다면 한번쯤 아이들에게 집이 갖는 의미를 명확히 할 필요가 있을 듯하다. 그리고 아이가 성장해 독립한 후 부부가 둘만의 생활을 하게 되었을 때 집에서 어떤 생활을 하고 싶은지를 고려하는 것이 중요하다.

"아이들의 추억에 남는 집이 되길 원해요."라고 했던 한 가족은 나중에 아이들이 독립하면 아이 방의 일부를 활용해 자신들의 취미 공간을 꾸밀 계획을 갖고 있었다. 또 어떤 가족은 "대대손손 물려받은 땅이니 앞으로도 두 세대가 계속 같이 살 수 있는 집이면 좋겠어요."라고 했다.

또 다른 두세대주택을 설계했던 분은 "아내가 영양사 면허를 갖고 있고 요리 실력도 남다르니, 나중에 둘만 살게 되면 우리가 부모님이 살던 공간으로 옮기고 안채는 카페로 이용하고 싶습니다."라는 의사를 밝혔다.

실제로 이분들의 집을 설계할 때는 삼십 년 후에 어떻게 집을 사용할 것인지를 거듭 시뮬레이션하며 구조를 결정했다. 아이들을 키우는 시기와 부부만 생활하는 시기의 두 가지 생활양식을 고려해 이야기를 나누어보자.

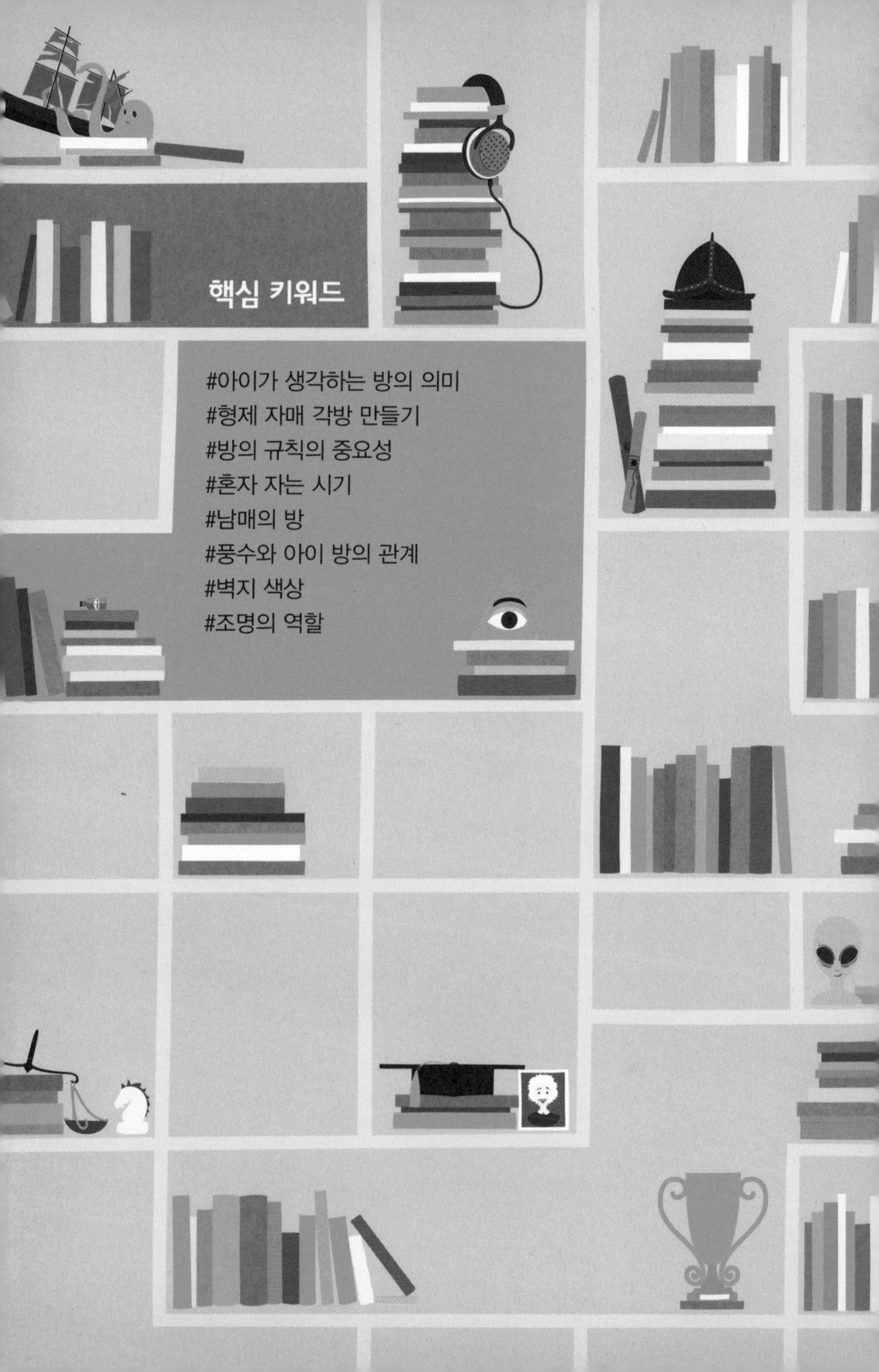

핵심 키워드

#아이가 생각하는 방의 의미
#형제 자매 각방 만들기
#방의 규칙의 중요성
#혼자 자는 시기
#남매의 방
#풍수와 아이 방의 관계
#벽지 색상
#조명의 역할

제3부
행복한
아이로
키우는
아이 방의
비밀
mc²

엄마가 생각하는 좋은 방과 아이가 갖고 싶은 방의 모습은 다르다.
지금까지 나는 공부방을 없애야 하는 이유와 집이라는 공간에 대한 이야기를 풀어왔다.
마지막 3부에서는 그렇다면 '아이 방'은 어떻게 만들어야 하는지,
아이가 원하는 방의 기능에 대해 보다 구체적으로 알아보자.
더불어 아이들 각자에게 방을 만들어주는 적절한 시기와 풍수에 대해서도
이야기할 것이다. 편안하게 공부할 수 있는 아이 방의 구조를 위해서는
조명과 벽지, 가구의 역할도 매우 중요하다.

아이에게 방은 어떤 의미일까

이제껏 계속 아이 방에 대해 이야기했지만, 다시금 아이의 시선으로 본 아이 방의 의미에 대해 생각해보면 좋겠다. 아이 방은 아이에게 다음의 여섯 가지 요소를 제공한다. 긍정적인 측면, 부정적인 측면까지 골고루 알아보자.

❶ 나만의 공간이 생겼다는 기쁨

아이가 제일 먼저 생각하는 것이다. 자신의 영역이 분명한 형태로 주어지니 한 명의 사람으로서 인정받았다, 자유로운 영역을 허

락받았다는 기쁨이 싹튼다. 기본적으로 방이 생겼는데 기뻐하지 않을 아이는 없다.

❷ 도전하는 즐거움과 관리의 어려움

한 사람의 개인으로 인정받았다는 것은 그 영역을 자신이 관리해야 한다는 뜻이기도 하다. 특히 혼자 방을 쓰는 경우에 아이를 성장시키는 것이 '정리정돈'과 '방을 꾸밀 줄 아는 능력'이다. 여기서 부모가 과도한 간섭을 보이면 이런 능력을 키울 수 없다. 아이가 자주적으로 정한 규칙을 활용하여 정리하고, 방을 꾸미는 재능을 키우도록 지원하자.

❸ 혼자라는 사실이 주는 고독과 외로움

혼자가 된다는 것은 물론 기쁠 때도 있지만, 때로는 부모에게 받은 벌로 방에서 근신을 할 때처럼 외롭게 느껴지기도 한다. 이것을 부정적인 면이라고 생각할지도 모르지만, 혼자만의 고독한 시간을 보내는 것도 세상 사람들과 관계를 맺고 싶은 욕구로 연결되니 사실은 중요한 요소다. 어쨌든 아이의 방은 아이에게 기쁨과 외로움이라는 두 가지 측면을 준다고 이해하면 된다.

④ 조용히 집중할 수 있는 편안함

주변이 소란스러울 때 방에서 혼자 집중할 수 있다는 것도 아이방이 주는 요소다. 독서에 몰두하거나 아이디어를 짜내거나 하는 등 조용해서 집중할 수 있는 공간이기도 하다. 하지만 앞에서도 이야기했듯이 '혼자가 아니면 집중을 못하는 체질'이 될 수도 있으니 방을 사용할 때는 균형을 의식해야 한다.

⑤ 피할 수 있다는 안도감

어른의 눈에는 부정적으로 보이겠지만 아이가 피하고 숨을 수 있는 공간으로서의 아이 방 기능은 매우 중요하다. 왜냐하면 어른인 우리가 늘 완벽한 존재가 아니기 때문이다. 어른들도 부엌이나 거실에서 감정적인 행동을 보일 때가 있다.

이때 어디에도 피할 곳이 없는 환경은 아이에게 고통이 될 뿐이다. 그런 의미에서 아이 방은 일시적인 피난 장소가 되기도 한다. 만약 아이가 방에 자주 들어가 있으려고 한다면 부모와 함께 있는 시간이 힘들다는 신호일 가능성도 있음을 알아두자.

❻ 세상과의 단절이 가능한 영역

가정 폭력에 노출되어 있거나 학교에서 따돌림을 당하는 경우에 아이 방은 세상과 단절할 수 있는 장소로서 기능한다. 이것도 어쩌면 부정적인 요소로 비칠지 모르지만 사실 아이의 입장에서는 어떻게든 살기 위한 방법이다. 물론 부모의 입장에서는 슬픔이 크겠지만 아이 방이 이런 용도로 사용되기 시작하면 부부 간의 대화를 통해 심리카운슬러 등의 전문가를 개입시킬 필요도 있다.

어떠한가? 이처럼 아이 방은 부모인 우리가 상상도 하지 못한 장소로서의 역할을 한다. 이러한 정보를 부정적으로만 받아들일 것이 아니라 아이가 방을 주로 어떻게 이용하는지를 냉정하게 판단하기 위한 정보로 받아들이자.

아이 방에 대한 생각을 정리하자

이 책을 읽다 보면 부모들이 아이의 주거환경을 고려할 때 생각보다 더 자신들의 사고관, 특히 자신이 어렸을 때 희망했던 것들에서 영향을 많이 받고 있음을 실감할 것이다. 그런데 한집에 사는 부부라도 어린 시절에는 전혀 다른 경험을 했다. 그래서 아이 방에 대한 가치관이 전혀 다르고 그로 인해 의견충돌이 생기기도 한다.

“아이 방이 뭐가 필요해? 언젠가는 독립할 건데!”

“나는 어린 시절에 내 방이 없어서 너무 싫었다고!”

아이 방은 부부 간에도 좀처럼 의견 차이를 줄이기 어려운 부분이다. 또 부모는 이상적이라고 여기는 방이 아이에게는 부담으로 다가올 수도 있는 일이다. 이러한 가능성에 대해 부부, 가족 간에 대화가 필요하다.

"그 점이라면 우리 집은 걱정 없다. 의견이 통일되어 있다."라는 분도 있을지 모른다. 하지만 잘 생각해보자. 어쩌면 그냥 결정된 사안을 강요하고 있는 것은 아닌가? 집 짓기와 관련된 상담을 해보면 배우자가 참고 의견을 말하지 않았을 뿐인 경우도 적지 않았다. 이번 기회에 다시금 여러분의 어린 시절에 대해 공유하고 부부 간의 대화를 시도해보자.

예를 들어 대개 자영업을 하는 가정에는 많은 사람이 드나든다. 이런 어린 시절을 거쳐 어른이 되면 집에 여러 사람을 초대하는 일은 너무나 일반적이라고 느낀다.

하지만 집에 손님을 초대하는 일이 거의 없이 가족끼리 모이는 시간이 많은 집에서 자라면 어른이 된 후에도 집에 사람을 들이고 싶어 하지 않는다. 부부가 가치관이 다르면 저절로 어느 한쪽이 의견을 억누르게 되고 스트레스가 쌓인다. 여기서 중요한 것은 서로 어린 시절의 주거환경에 대한 이해와 가치관의 차이를 인식하는 일이다.

위에서 예로 든 부부는 대화를 통해 집에 손님을 초대하는 일을 나머지 한쪽도 받아들였다. 부부라서 오히려 의견을 말하지 못하거나 어린 시절에 대해 많은 기억이 있는 편이 아니라서 어째서 거부감이 드는지 잘 모르겠지만 왠지 스트레스가 쌓인다는 사람도 많다. 시간을 내어 대화 힌트를 참고로 가족 간에 토론을 해보면 어떨까?

대화의 힌트

- 초등학생이 되기 전에는 어떤 집에 살았는가?
- 그때는 자신의 방이 있었는가? 어떤 장소에서 잠을 잤는가?
- 초등학생이 된 후에는 어떤 집에 살았는가?
- 그때는 자신의 방이 있었는가? 어떤 장소에서 잠을 잤는가?
- 어디서 공부를 했는가? 공부하면서 어떤 기분을 느꼈는가?
- 중학생 때는 어땠는가?
- 고등학교 때는 어땠는가?
- 지금도 어린 시절의 방에 대해 떠오르는 에피소드가 있는가?
- 그리고 지금 아이에게 어떤 방을 만들어주고 싶다거나, 기피하는 방의 형태가 있는가?

신기하게도 서로 인정하기 시작하면 자신의 가치관만으로 아이 방을 만들려는 생각은 약해지고, 아이가 진정으로 원하는 것이 무엇인지 느낄 수 있다.

아이 방, 몇 살 때 만들어주면 좋을까

부부에 따라 아이의 주거환경에 대한 생각이 다르다는 것을 인식하고 공유했다면, 다음에는 '아이에게 필요한 공간이란 어떤 곳인가?'에 대해 생각해보자. 왜냐하면 부부 간에는 의견이 공유되었을지 몰라도 아이의 속마음을 제대로 파악하기는 그리 쉽지 않기 때문이다.

주위를 보면 아이가 초등학생일 때까지는 아내가 아이들과 자고 남편만 혼자 자는 경우가 많다. 언젠가 초등학생인 남자아이에게 혼자 자고 싶은 적은 없는지 물어본 적이 있다. 그러자 "가끔 혼자서 자보고 싶다."라고 대답했다. 그 아이의 엄마에게 물으니 "어쩌면 아이와 같이 자지 않으면 그냥 제가 외로웠던 것인지도 모르겠어요."라는 말이 나왔다.

이처럼 부모가 아직 아이는 혼자서 자기 어렵다고 말하지만 실은 자신의 외로움 때문에 그렇게 생각하는 경우가 드물지 않다. 아이의 본심은 무엇인지, 어쩌면 부모의 착각이 아니었는지를 다시금 생각해볼 필요가 있다.

아이 방을 만들어주는 시기도 마찬가지다. '아이를 빨리 자립시키고 싶다'는 생각만으로 아이 방을 만들어주는 부모가 있다. 자립은 중요한 요소이지만 아직 부모 곁에서 사랑을 느껴야 할 시기에 자립을 서두르면 아이에게는 두려움만 앞서게 된다. 그리고 아이는 두려움으로 인해 자신의 감정을 제대로 바라보려고 하지 않는다. 이는 재능을 키운다는 관점에서도 소중한 요소를 포기해버리는 셈이 된다.

부모의 생각을 우선해 일찍부터 자립시키려고 하면 거꾸로 아이의 재능이 꽃필 수 있는 싹을 꺾어버리는 일이 될지도 모른다는 이야기다. 또 앞에서도 이야기했듯이 아이 말의 바탕에 자리하고 있는 감정은 아이의 생각을 끌어내는 데 상당히 중요하다.

어른들은 아이가 초등학교 저학년이 지나면 말로 표현할 수 있을 것이라고 생각하기 쉽지만, 자립심이 싹트기 시작하는 초등학교 저학년에서 고학년으로 넘어가는 시기에도 감정을 말로 정리하지 못하고 어려워하는 아이들이 제법 많다. 그러니 대화가 유도심문이 되지 않도록 주의가 필요하다.

"○○는 아직 자기 방은 필요하지 않지?"

"혼자 자면 외롭잖아, 그치?"

"얼마 전에도 혼자 자겠다더니 한밤중에 울면서 이쪽 방으로 왔잖아. 너무 서두르지 않아도 돼."

이런 식으로 이야기한다면 정말로 아이가 원하는 것을 알아내기 어렵다.

"○○야, 만약 네 방이 생기면 어떤 재밌는 일들을 하고 싶니?"

"네가 원할 때는 이쪽 방에 와도 돼!"

이렇게 말해주면 아이는 자유의지로 일을 결정하는 습관을 갖게 될 것이다. 핵심은 어른들이 질문을 통해 부정적인 답변을 끌어내려고 하고 있지 않은지, 아이의 기분을 그대로 느끼고 이해해주고 있는지에 있다.

아이 방의 사용 규칙을 정하라

1부에서도 언급했지만 아이 방을 독립적인 공간으로 여기는 미국에서는 방의 사용 규칙을 상세히 정한다. 예를 들면 다음과 같다.

- 아이의 방에 잠금장치를 달 것인가 아닌가?
- 잠금장치를 단다면 몇 살 때부터 열쇠를 건넬 것인가?
- 잠금장치를 달지 않는다면 부모가 절대로 방의 가구를 열지 않는다는 규칙을 정한다

- 옷장 등은 아이가 직접 정리정돈 하는 것을 함께 규칙으로 정한다
- 방은 스스로 청소하되, 일주일 동안 방 청소를 하지 않으면 방은 몰수한다
- 옷을 개켜서 옷장에 넣되, 이를 지키지 않으면 방은 몰수한다
- 집에 돌아오면 자기 방에만 있지 말고 거실에서 시간을 보낸다
- 방에서 공부를 하고 싶을 때는 왜 방에서 하고 싶은지를 이야기하고 기간을 정한다

이렇게 아이 방의 사용 규칙을 정하는 것도 중요할 것이다.

"하지만 규칙을 정한다고 정말 아이가 말을 잘 들을까요?"

"구속 사항을 만들수록 아이와의 관계가 어색해지지는 않을까요?"

이런 걱정을 하는 분들도 있는데, 규칙을 정할 때 중요한 포인트가 있다.

이는 실제로 부모 자식 관계의 전문가로부터 들은 이야기다. 이런 규칙은 부모가 아닌 아이에게 정하도록 하면 대부분의 경우에 규칙을 준수한다고 한다. 이 얼마나 다행인가?

아이 방에 잠금장치를 달 것인지 말 것인지에 대해 구체적으로

생각해보자. 예를 들어 아이가 "방에 잠금장치를 달고 싶어요."라고 희망사항을 말한다. "어째서 잠금장치를 달고 싶은 거니?"라고 부모가 묻자 "제 사생활을 보호하고 싶으니까요."라고 답했다고 해보자.

"그럼 우리는 네 사생활을 존중해주고 싶으니까 잠금장치를 다는 것에는 동의할게. 단, 우리가 문을 열어달라고 하면 열어주겠니?"

"음, 그때 기분에 따라서 달라요. 지금은 잘 모르겠어요."

"그렇게 애매하게 대답하면 잠금장치를 달 수 없는데, 어떻게 하겠니?"

"그럼 문을 열어드릴게요."

"좋아. 하지만 규칙을 지키지 않았을 때는 어떻게 할까?"

"음, 그럼 세 번 문을 열어주지 않으면 열쇠를 몰수해도 돼요."

"알겠다. 물론 네 기분을 존중하고 싶으니까, 경우에 맞지 않을 때는 다시 상의해서 정하도록 하자."

이렇게 아이의 마음을 존중해주면서 하나씩 정하면 된다. 아이는 자신이 존중받고 있다고 느끼면 적극적으로 자신의 의견을 말하게 되니, 이런 대화를 꼭 도전해보자.

실제로 재미있게도 '식사 중에 노래를 부르거나 춤을 추고 싶을 때는 가족들에게 양해를 구할 것'이라는 규칙을 정한 가족도 있었다. 이 얼마나 아이다운 자유로운 발상인가?

아이 방 이외에도 규칙으로 정할 예를 아래에 적어보았다.

리빙 다이닝의 사용법

- 식사는 가족들이 함께 먹는다(아침, 저녁, 주말 등)
- 게임을 하는 시간을 정한다
- 학교에서 돌아오면 거실에 모여 이야기를 나눈다
- 보고 싶은 텔레비전 프로그램이 있으면 가족들에게 이야기하여 양해를 구한다
- 장난감은 가지고 논 후에 정해진 장소에 정리해둔다
- 인터넷은 시간을 정해서 사용한다

워크 룸의 사용법

- 학습도구는 정해진 장소에 보관한다
- 지우개 찌꺼기 등은 반드시 쓰레기통에 버린다
- 밤 9시 이후에는 숙제를 하지 않는다(특별한 경우에는 괜찮다)

- 다른 사람을 방해하지 않는다
- 물건을 넣어두는 장소에 이름을 적은 테이프를 붙이고 항상 그곳에 보관한다

기타

- 집에 돌아오면 반드시 입을 헹구고 손을 씻는다
- 학교에서 있었던 즐거운 일을 가족들과 이야기한다
- 화장실 청소, 욕실 청소, 정원 청소 등을 분담한다
- 무슨 일이든 결정할 때는 가족이 함께 상의한다
- 아이가 공부를 하고 있을 때는 텔레비전 음량을 줄인다

지금까지 나온 예를 힌트로 삼아 가족들이 시간을 내 규칙을 정해보자.

휴식을 위한 규칙도 필요하다

앞에서 이야기한 규칙은 바른 생활습관을 만들기 위한 것인데, 규칙 만들기에는 또 한 가지 중요한 사항이 있다. 바로 가족들이 다 같이 편안하게 쉴 수 있는 상태를 만드는 것이다. 집은 아이뿐만 아니라 가족 모두가 편안하게 휴식할 수 있는 장소여야 한다.

실제로 "남편이 퇴근하고 오면 아들이 긴장하기 시작하는데 어떻게 하면 좋을까요?"라는 걱정에 상담을 해준 적도 있다. 예를 들어 부모가 "오늘 할 숙제는 다 했니?"라고 물으면 당연히 긴장도 되고 기분도 좋지 않을 것이다. 나도 어릴 때 그 말이 가장 싫었다. 나와 비슷한 아이들이 많지 않을까?

규칙 만들기와 휴식에서 왠지 상반되는 느낌을 받을지도 모르겠다. 하지만 규칙은 앞에서 말한 '살기'라는 관점을 습관화하는 도구이니 잘 활용해보자.

이해하기 쉽도록 예를 들어보겠다.

- 하루에 한 번, 각각 서로가 잘한 일을 칭찬하자
- 아침에 일어나면 모두 껴안아주자
- 아이가 집에 돌아오면 단체로 즐겁게 보낼 시간을 정해둔다
- 주말에는 함께 즐겁게 식사 준비를 하자
- "숙제했니?"라고 묻지 말고, 아이가 먼저 "오늘은 이런 숙제를 했어요."라고 말할 수 있도록 하자
- 아침의 몸 상태나 아침에 일어나서 느낀 점들을 서로 이야기하자
- 매달 아로마 향을 바꿔보자
- 정기적으로 가족이 직접 목욕용 소금을 만들며 즐거운 시간을 갖자
- 휴식을 취할 수 있는 BGM을 매일 정해진 시간에 틀자

위의 예에도 있지만 아침에 일어났을 때의 몸 상태나 아침에 느

낀 감정을 서로 이야기하는 것은 가족이 하루를 편안하게 보내는 데 중요한 역할을 한다. 가령 '아침부터 애가 뭔가 기분이 안 좋아 보이네. 혹시 어제 일 때문인가?' 하고 마음을 졸인 적은 없는가?

그럴 때 "아침에 일어나니 머리가 조금 아픈 것 같아요."라고 딸이 말해주면 "그래? 괜찮니?" 하고 대화가 시작되고 '어제 그 일 때문인가?'라며 속을 태울 일도 없어진다. 남편도 "속이 조금 쓰려서 몸 상태가 별로네."라는 이야기하면 "그럼 오늘 저녁은 소화가 잘 되는 메뉴로 준비할게!"라며 애정이 듬뿍 담긴 대화가 가능하다.

평소 사이가 좋은 가족은 아무렇지 않게 이런 대화를 나누지만 바쁘게 지내다 보면 말 한 마디 나누기도 쉽지 않을 수 있다. 아침에 막 일어나는 아이를 끌어안고 "엄마는 너를 너무 사랑해."라고 말하기만 해도 아이는 집이 안전하고 편안한 장소라고 느낀다. 부디 당신의 가족에게 어울리는 편안한 휴식을 위한 규칙을 만들기를 바란다.

언제부터 혼자 재워야 할까

같은 또래의 아이를 가진 부모에게서 "우리 애는 혼자 자요."라고 하는 이야기를 들으면, 대개 사람들은 '우리 애가 조금 늦나?' 하고 고민한다. 하지만 사람에 따라 혼자 자기 시작하는 시간은 천차만별이어서 유치원 때부터 혼자서 자는 아이도 있는가 하면 중학생 때까지 엄마와 함께 자는 아이도 의외로 많다.

아이를 언제부터 혼자 재울 것인지는 '아이에게 물어보는 것'이 가장 좋다. 다만 한 가지는 주의해야 한다. 아이가 한번 혼자서 자기 시작했다고 해서 계속 그것이 이어지리라는 보장은 없다는 점이다. 가끔 외로워져서 부모와 함께 자고 싶어질 수도 있다. 그럴 때

"너 이제부터 혼자 자기로 약속했잖아!"라고 반응하는 것은 좋지 않다.

혼자서 잔다는 행위는 아이에도 큰 도전이며 불안일 수밖에 없다. 그때 "괜찮아. 그럼 오늘은 같이 잘까?"라고 이야기하면 아이는 언제든 부모님과 함께 잘 수 있다는 생각에 안심하게 된다.

가정 내에서 아이를 성장하게 만드는 요소는 '안심' 하는 느낌이다. 아이는 마음이 놓이는 환경에서 자립하기도 쉬워진다. 또 '이렇게 계속 아이랑 함께 자도 될까?'라고 걱정이 될 수도 있겠지만, 큰 애정 속에서 안심을 느끼면 자신의 영역이 필요한 시기에 아이 스스로 혼자서 자고 싶어진다. 초조해하지 말고 아이의 성장을 기다려주는 것이 중요하다.

아이들에게 각자의 방을 만들어줘야 할까

앞에서도 이야기했지만 미국에서는 태어나자마자부터 아이를 한 사람의 개인으로 대하므로 각자 방을 만들어준다. 또 유럽은 아이가 태어났을 때 미성숙한 존재로 생각하므로 방의 한 구석에 커튼 등을 달아서 잘 수 있는 공간만을 만들어주는 경우가 많다.

이러한 것을 참고로 아이의 성장 정도에 맞춰 생각하는 것도 한 가지 방법이다. 가령, 초등학교에 들어갈 때까지는 리빙 다이닝의 한 구석을 아이 공간으로 만들어주고, 초등학생 중학생 정도부터는 방을 만들어주는 식이다.

개인실은 혼자서 자신의 행동을 돌이켜보며 반성하는 공간이기도 하다. 일정한 연령까지는 항상 부모가 지켜보고 있다는 느낌이 중요하지만, 초등학교 고학년쯤 되면 이를 감시받는 것처럼 느끼기도 한다. 이럴 때 유럽에서는 온 동네를 집처럼 생각하는 문화가 있기 때문에 가족들과 떨어져서 혼자가 되고 싶을 때는 공원이나 도서관 등의 공공시설을 활용하기도 한다.

시가지 등 편이성이 좋은 곳에서는 공공시설을 이용할 수 있겠지만 집 안에서는 최소한 커튼이라도 쳐서 혼자만의 공간을 만들어준다면 홀로 사색하거나 그곳을 자신만의 영역으로 관리하는 힘이 생기게 될 것이다.

남매의 방은 언제 나눠주는 게 좋을까

세미나에서 이런 질문을 받은 적이 있다.

"큰 애가 초등학교 1학년인 아들이고, 둘째가 네 살짜리 딸입니다. 언젠가 각각 방이 필요하긴 할 텐데, 방을 나누어야 할 시기를 어떻게 생각해야 할까요?"

아들과 딸을 가진 부모라면 공통적으로 갖는 의문이다. 우선 생각해보면 딸의 경우에는 초등학교 저학년이 넘어갈 때쯤이면 혼자서 옷을 갈아입을 공간을 필요로 한다. 이 상담자의 경우라면 둘째가 초등학교 3, 4학년이 될 때쯤이다.

물론 이는 어디까지나 하나의 제시 기준일 뿐이다. 중학생이 되어서도 함께 목욕을 하는 형제자매도 있다. 역시 중요한 것은 여자 아이에게 "오빠랑 방을 따로 쓰고 싶니?"라고 물어보는 일이다. 하지만 아이의 대답은 상황이나 기분에 따라 그때그때 달라질 수 있다. 섣부르게 결정하기보다는 부모가 아이의 변화를 잘 살펴보면서 판단하도록 하자.

편안하게 공부할 수 있는 환경이란

편안하게 공부를 잘할 수 있는 환경을 만들어주는 것은 엄마들의 공통된 화두다. 그렇다면 그런 환경은 어떻게 만들어야 할까? 핵심은 아이가 '안심하고 집중할 수 있는 장소'를 제공하는 데 있다.

아이들은 어릴 때는 엄마 곁에 있고 싶어 한다. 하지만 점차 자라면서 혼자만의 공간에서 집중하기를 원한다. 반면 대학생이 될 때까지 계속 식탁에서 공부하는 경우도 제법 있다. 다만, 아이가 "제 방에서 공부하고 싶어요."라고 말한다면 대화가 필요하다.

왜냐하면 '단지 부모와 떨어져서 혼자가 되고 싶은' 경우도 많기 때문이다. 또 '혼자 있는 편이 집중이 더 잘 된다'는 이유로 방에 들어가 공부를 하겠다는 아이에게도 주의를 기울여야 한다.

특수한 경우를 제외하고는 주위가 약간 어수선해도 공부에 집중할 수 있는 힘을 키워두어야 한다. 그래야 훗날 사회인이 되었을 때 스트레스를 덜 받는다.

풍수에 따른 아이 방 배치법

풍수는 한마디로 '통계학'이다. 가령, 어떤 방향에 화장실을 배치했더니 가족들에게 이런 현상이 일어났다는 사례를 통계적으로 축적해온 학문이다. 나는 탁상공론은 믿지 않지만 통계학이라는 측면에서 아이의 자질이나 특징에 맞는 구조를 계획해왔다. 그리고 재미있게도 실제로 그런 효과를 체험했다.

단, 항간에 떠도는 '방을 북향으로 하면 아이가 방에 틀어박힌다', '해가 뜨는 동향의 방을 아이 방으로 만들면 아이의 재능이 더 발달한다'는 식의 정보는 어디까지나 표층적인 것이라고 생각한다.

집의 구조에 따라 다르겠지만 아이 방의 기능을 침실로 계획한다면 동쪽 방위에는 아이 방이 아니라 거실 다음으로 가족들이 자주 모이는 가족실이나 다 같이 공부하는 워크 룸 등을 배치하는 것이 좋을 때도 있다.

또 북향으로 방을 배치하면 아이가 방에 틀어박히기 쉽다는 것도 반드시 그렇지는 않다. 침착함이 부족한 아이의 방을 북향으로 하면 정신적 안정을 얻을 수도 있지 않겠는가? 실제 아이의 특징을 잘 파악해서 균형을 잡는 것이 중요하다.

다음은 각 방위의 방의 성질과 아이의 재능 및 성격의 관계이니 참고하기 바란다.

동 ⇒ 행동적이고 활발해진다. 정직하고 순수한 성격을 갖게 된다.

동남 ⇒ 정보 수집력과 정리하는 능력이 향상된다. 협조성, 순응성이 높아진다.

남 ⇒ 직감력과 감성이 연마된다.

서남 ⇒ 꾸준히 집중해서 무언가를 해내는 능력이 연마된다.

서 ⇒ 즐겁게 소통하는 능력이 높아진다. 상냥해진다.

북서 ⇒ 리더로서의 자질과 정신력이 길러진다.

북 ⇒ 침착함이 생기고 집중력이 높아진다.

북동 ⇒ 집중력이 높아지고 의식이 활성화된다.

어중간한 정보를 믿고 풍수를 활용하다가는 수박 겉핥기가 되어 역효과를 초래하기도 한다. 만약 풍수를 활용할 생각이라면 경험이 많은 풍수감정사나 인테리어 디자이너, 설계사 등 전문가와 상의하기 바란다.

백열등이 좋을까,
형광등이 좋을까

최근 백열등 대신이 LED전구가 보급되기 시작하면서 조명에 관한 시대적 변화가 일어나고 있다. 이러한 상황 속에서 조명에 대한 내 개인적인 의견은 '밝기와 색상이 균형을 이루도록 사용하는 것이 중요' 하다는 것이다.

사실 조명의 색상에 따라 뇌의 움직임도 달라진다. 청백색에 더 가까운 빛 아래에서는 냉정해지는 좌뇌의 논리적인 사고가 활성화되기 쉽고, 따뜻한 색의 빛 아래에서는 우뇌의 감각, 감성 부분이 더 활성화된다.

이것을 잘 나누어 사용하는 것이 관건이다. 예를 들면 공부하는 장소는 청백색의 빛을 이용하고, 가족이 함께 휴식을 취하는 곳은 따뜻한 색을 쓰는 것처럼 말이다.

방의 벽지 색상이나 소재도 중요하다

먼저 방의 색상과 소재에 대한 이야기부터 하자. 방은 차갑지 않고 은은하게 따뜻한 크림계열의 색을 사용하고, 바닥이나 천장에 천연나무 등을 사용하면 마음을 안정시키는 데 효과적이다. 단, 전나무나 삼나무처럼 향이 진한 소재는 취향에 따라 선호도가 나뉘니 소나무나 벚나무, 단풍나무, 졸참나무 등 비교적 향이 은은한 나무를 사용하는 것이 좋겠다.

다음은 정신적인 면인데, 안심하고 잠들 수 있는 환경은 태어났을 때부터 부모가 아기를 어떻게 대했는지에 따라서도 달라진다. 예를 들어 아기가 안심하고 잠들려면 '언제든지 도움을 받을 수 있다는 환경에 대한 믿음'이 전제되어 있어야 한다.

즉, 언제라도 손을 뻗어 안심하게 만들어줄 수 있는 거리가 중요함을 알 수 있다. 아이가 혼자서 잘 수 있게 된 후에도 처음에는 부부 침실 옆의 방에서 재우는 등 부모의 존재를 느끼고 안심할 수 있도록 배려하는 것이 좋다.

또 방의 정리정돈 상태도 숙면에 영향을 준다. 침실은 가급적 물건을 놓지 말고 깔끔하게 해둬야 편안하게 잠들 수 있으니 반드시 참고하자.

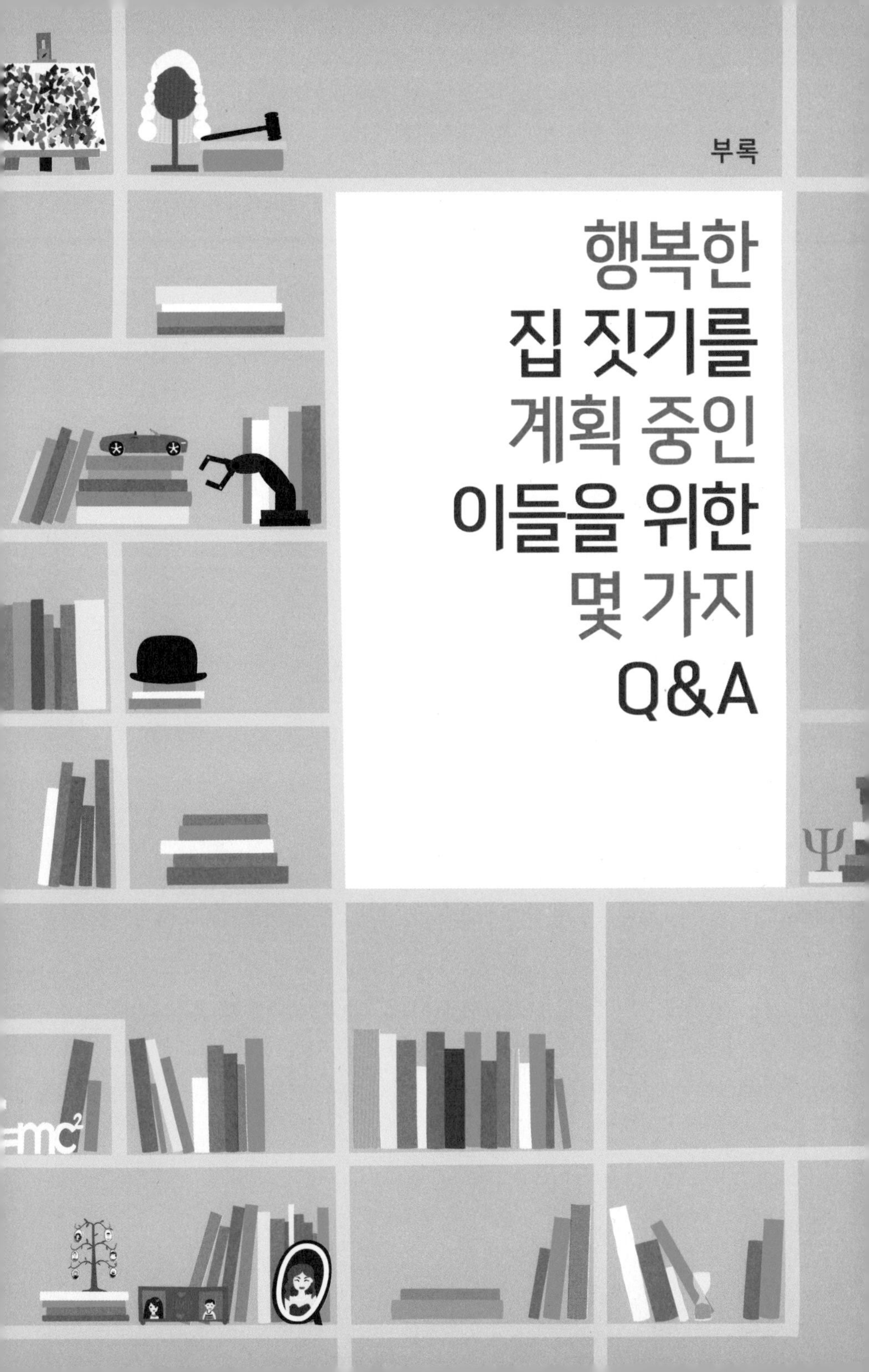
부록
행복한
집 짓기를
계획 중인
이들을 위한
몇 가지
Q&A

집을 생각할 때 아이의 의견은 어디까지 반영해야 하나요?

결론부터 말하자면 아이의 의견은 가급적 많이 듣고 함께 토론하는 것이 중요하다. '아이의 의견을 어디까지 반영해야 하는가?'라는 발상 자체가 부모의 가치관으로 판단하고 결정하는 자세를 보여주고 있지는 않은가 생각해볼 일이다.

나는 일전에 "아이에게 방이 필요한지, 텔레비전이 있어야 하는지를 물어보면 모두 다 갖고 싶다고 말합니다. 그런데도 아이의 의견을 물어볼 필요가 있나요?"라는 질문을 받은 적이 있다. 그분에게는 "방에 텔레비전을 놓는 것을 엄마 아빠는 찬성할 수가 없단다. 왜냐하면……."이라고 진지하게 부모의 의견을 전달하는 것이 중요하다고 말씀드렸다.

아이는 부모가 진지하게 자신의 의견을 듣고 생각한다는 사실에 기뻐한다. 아이에게서 부모들이 원하는 대답만을 듣고자 하면, 아이 역시 자신의 의견이 존중받지 못함을 느끼고 무기력해지거나 급기야 입을 다물어버릴 가능성도 있다.

아이의 말을 '정말로 소중한 의견'으로 여기고 들어주는 태도야 말로 부모와 자식의 소통을 도와주는 계기가 됨을 기억하자.

집을 이사할 때 아이에게 가장 적절한 시기가 있을까요?

나는 초등학교 4학년 때 이사를 했다. 당시 사람들과 이별하는 괴로움과 새로운 집단에 익숙해지기 위한 두려움과 용기, 그리고 새로운 친구들을 사귀는 기쁨 등의 감정을 느꼈던 기억이 있다.

언제 이사를 해도 이별이나 새로운 만남으로 인해 아이에게 생기는 여러 가지 감정은 피할 수 없을 것이다. 언젠가 초등학교 때 열 번도 넘게 이사를 다녔다는 사람과 만난 적이 있다. 그는 어른이 된 지금도 친구들과 사귀는 능력이 뛰어나고 새로운 환경에 빨리 적응한다고 했다.

또 비슷한 시기에 집에 전혀 관심이 없는 사람도 만났다. 이야기를 들어 보니 그 역시 어린 시절에 열 번 이상의 이사를 경험했고, 그때마다 슬펐기 때문에 '친해져봐야 언젠가는 헤어져야 한다면 사람들에게 정을 주지 않는 편이 좋겠다. 집에 애착을 가지면 떠날 때 마음만 아프니, 집에도 너무 사랑을 쏟지 않는 것이 낫겠다'고 무의식적으로 생각하고 있었다는 것이다.

이런 사례를 볼 때 이사하기에 적정한 시기는 특별히 존재하지 않는다. 다만 이사의 경험이 아이에게 괴로움이라는 감정을 주었는지, 혹은 괴로움을 뛰어넘어 새로운 만남에 대한 적극적인 태도를 갖게 해주었는지가 중요하다. 이사하는 시기보다도 이사를 한 후에 아이와 나누는 소통을 소중히 하자.

아이에게 안전한 집을 지으려면 어떻게 해야 할까요?

집을 설계할 때 '아이에게 위험하지 않는 집을 원한다'는 희망은 많은 편에 속한다. 가령 "모서리를 둥글게 해 달라.", "난간 사이로 떨어지지 않게 디자인해 달라.", "아이가 계단에서 떨어지지 않도록 만들어 달라." 등 여러 가지 요구사항이 있다.

물론 이에 진지하게 대응하는 것도 우리의 일이지만, 이때 나는 "아이에게는 집이 첫 사회 환경과 같아요."라는 말을 자주 한다. 더 구체적으로는 '사회에 나가면 곳곳에 위험이 도사리고 있으니, 집에서 그것을 알아차릴 수 있는 경험을 하는 것도 중요하다'는 뜻이다.

뜨거운 불을 만지거나 뜨거운 물이 쏟아져 화상을 입는 경우도 있을 것이다. 계단에서 떨어져 다치기도 하고, 기둥의 모서리에 머리를 찧어 혹이 생기기도 할 것이다. 이런 것은 모두 체험을 통해서만 배울 수 있다. 한번 아픔을 체험하면 다음부터는 그 장소에 주의를 기울이게 된다. 비교적 안전한 집 안에서 이러한 경험을 하면 바깥사회에 나갔을 때 도움이 된다.

물론 집 안에서 치명적인 상해를 입지 않도록 설계를 할 때 최대한 주의를 기울여야 한다. 가령, 개방된 계단이나 더블 하이트의 계단참의 경우 아이가 어릴 때는 난간에 망을 설치해 떨어지지 않도록 하는 등 안전성을 높일 수 있다. "아이가 떨어지면 위험하니 틈새가 적은 난관을 만들어주세요."라고 디자인적으로 요구하는 분도 있지만, 아이가 자라면 그 난관의 디자인이 오히려 갑갑하게 느껴지는 경우도 있으니 장래의 디자인 균형을 생각해서 계획하는 것이 중요하다.

거실에 아이 방으로 가는 계단을 설치하려는데 신경 써야 할 것이 있나요?

아이가 귀가했는지 알 수 없으니 거실을 통해 방으로 가는 계단을 설치하고 싶다든가, 현관에서 바로 아이 방으로 들어가는 구조가 아니라 거실을 통해 방으로 들어가는 형태의 집을 원한다는 의견을 내놓는 부모는 의외로 많다.

거실이 가족들이 대화하는 장소로 쓰인다면 거실을 통해서 각자가 방으로 들어가는 것은 지극히 자연스럽다. 그런 의미에서 거실 내 계단이 주목을 받게 된 것은 당연한 일일지도 모른다. 하지만 반드시 거실 내 계단이어야만 할까? 꼭 그렇지는 않다. 그보다 아이와 '방의 사용법'을 약속하는 것이 훨씬 중요하다.

예를 들어 아이가 현관에서 자신의 방으로 직행할 수 있는 구조라도 '집에 돌아오면 가방 등을 방에 놓고 거실에 와서 같이 대화를 나누자'고 아이와 약속하면 기본적으로 위의 문제는 해결된다. 반대로 이런 규칙이 공유되지 않으면 거실 내에 계단을 만들어봐야 소용이 없다.

또 환경적으로 봤을 때 거실 내 계단을 사용하면 계단과 거실이 하나의 공간이 되므로 공조부하가 늘어나 여름에는 덥고 겨울에는 추운 거실이 된다. 결국 가족들이 모이기 어려운 공간이 될 가능성이 있다. 그렇게 되면 오히려 아이는 자기 방에서 나오지 않게 될지도 모른다.

거실 내 계단을 계획하는 경우에는 '집의 단열계획', '거실 내 계단이 있어도 공간적으로 거실과 계단 영역을 구분' 하는 것을 함께 고려하도록 하자.

집을 작은 방으로 나눌지 넓은 방으로 통일할지 고민이에요. 방이 2개인 경우와 4개일 경우의 구조를 생각하면 어느 쪽이 더 좋을까요?

최근에는 방을 대략적으로 2개 정도로 하고 거실을 넓힌 구조가 나오고 있는데, 가족 수만큼 방을 확보한 방 4개의 구조도 여전히 많다. 참고로 방 4개의 구조가 많은 이유는 주택업계에 '방이 4개인 구조가 구매자나 임대자에게 인기가 있다'는 이야기가 전해져오기 때문이다.

중고 아파트나 팔려고 내놓은 집을 보면 '이 방을 정말로 사용하나?' 싶을 정도로 작은 크기라도 4개의 방을 확보해두는 경향이 있는데 이는 어디까지나 판매자의 논리라고 생각해두면 된다. 최근에는 저출산화 때문에 아이가 한 명인 가정이 많다. 이때 방이 4개인 구조는 큰 의미가 없다. 그보다도 개인실을 인원수대로 확보하려면 기능을 최소한으로 줄여 침실로만 활용하고, 가족들이 언제든지 모이는 거실이나 식당을 넓게 만드는 편이 낫다.

또 가족 구성의 변화에 맞춰 구조를 자유롭게 변경할 수 있는지도 중요하다. 사람은 환경에 영향을 받기 쉽다. 집의 구조에 지배당하지 말고 이를 잘 활용하여 유연하게 변화시킨다는 생각을 갖길 바란다.

가족 구성의 변화에 맞춰 침실을 아이 방으로 나눈 예

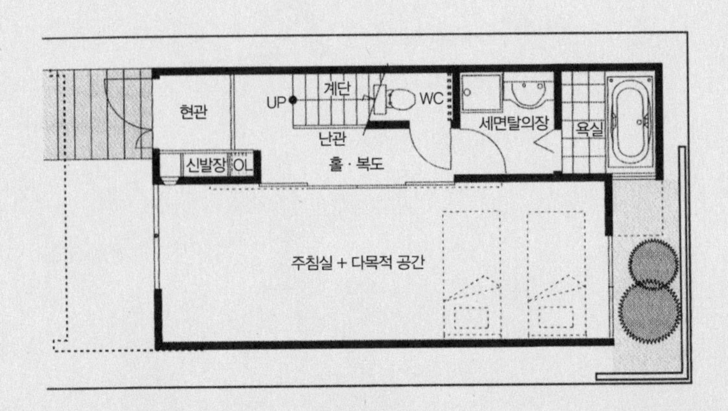

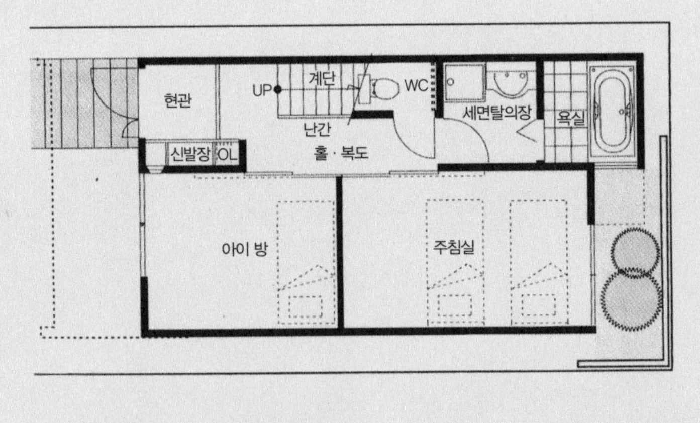

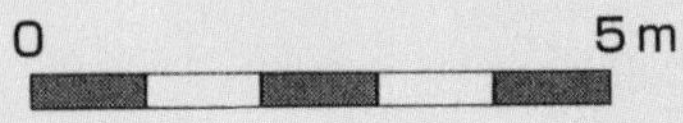

2층 거실을 계획하고 있는데, 아이들의 숨결을 느끼고 싶으니 더블 하이트 공간에서 1층의 아이 방으로 철봉을 타고 내려갈 수 있도록 하고 싶습니다.

정말 재미있는 발상이라서 아이도 즐거워할 것이다. 다만 한 가지 고려해야 할 사항이 있는데, 바로 1층의 아이 방을 침실로 이용할 것인가 놀이방으로 활용할 것인가이다. 아이가 어릴 때는 부모가 늘 볼 수 있는 곳에 있어야 안심도 되고 숨결을 느끼고 싶다는 마음도 이해가 된다. 하지만 앞서 지적했듯이 아이의 나이와 성격에 따라서는 사생활을 존중하는 공간으로서 기능하는지의 여부도 문제가 된다. 중학생쯤 되면 자신의 방을 누군가 위에서 들여다볼 수 있다면 싫어하지 않겠는가.

또 거실에 더블 하이트 구조를 만들면 집의 단열 문제와도 연관성이 생긴다. 이렇게 생각하면 나중에 아이가 중학생이 되었을 때 바닥을 막는 리폼 공사를 전제로 하거나, 혹은 일단은 1층의 공유 공간과 거실을 연결하는 더블 하이트 공간을 만들어서 내려갈 수 있도록 하는 아이디어가 필요하다. 물론 안전 측면의 대응도 빼놓을 수 없다.

아이의 친구들이 놀러오기 편한 공간을 만들려고 해요. 어떤 점에 유의하면 될까요?

집의 구조를 사적인 공간과 개방형 공간으로 나누면 친구들이 놀기에 편하지 않을까 하고 생각하기 쉽지만, 신기하게도 아이들은 아이 방에서만 놀지 않고 집 안 어디서나 놀 수 있는 곳을 선호한다. 이를 생각하면 부부가 집을 어떤 형태로 개방할 것인지가 중요하다. 하지만 그런 아이들의 심리까지 배려하는 부부는 많지 않다. 게다가 부부가 각자 어릴 때 사람들을 자주 초대하는 집에서 자랐는지 아닌지가 영향을 주기도 한다.

가령, 남편이 "친구들을 더 많이 초대할 수 있는 집을 만들고 싶어."라고 말해도 아내가 "사람들이 오면 부엌도 정리해야 하고, 사적인 공간을 남들에게 보여주는 건 정말 피곤한 일이야."라고 한다면 사람들이 편하게 놀러올 만한 집이 될 수는 없다. 사람들을 초대할 집을 만들고 싶다면 부부 간의 협력이 필수적이다. 아이의 친구를 초대하는 것 역시 그 연장선상에 있으므로, 이번 기회에 가족들이 함께 이야기해보는 것도 좋겠다.

집을 지으려고 해요, 소요 비용을 어떻게 줄일 수 있을까요?

집을 짓거나 살 때 가족의 행복과 아이의 주거환경에 대한 고민만큼이나 중요한 것이 있다. 바로 소요되는 돈에 대한 지식이다.

"땅을 구입하고 보니 집에 생각보다 돈이 많이 든다는 사실에 놀랐습니다. 어떻게든 남은 금액으로 집을 지을 수 없을까요?"라며 상담을 의뢰하는 분이 끊이질 않는다. 광고에 나오는 집의 가격을 보면 싸게 해결할 수 있을 것처럼 생각하지만 실제로는 상황이 다르다.

광고매체에 나오는 집의 가격은 본체 가격이고, 그 이외에도 조명기구 비용, 에어컨 비용, 옥외 설비 설치비용, 정원 공사비, 가구 비용, 커튼비 등을 비롯한 부대공사비, 설계료, 확인 신청료, 화재보험료, 주택대출 수수료, 등록비용, 융자금리 차액 등 무척이나 많은 돈이 든다. 이런 비용을 고려하지 않고 땅을 먼저 구입해버리면 예산이 부족해져 집을 짓는 데 난항을 겪는다. 땅을 살 필요가 없는 아파트의 경우에도 마찬가지로 본체 가격 이외의 부분을 놓치지 않도록 주의하자.

집을 지을 때는 생각해야 할 순서가 있다. 우선 지갑에서 나가야 할 돈의 총액을 파악해두어야 한다. 이것은 주택시공업체의 영업사원, 공무점 담당자가 대략적인 범위를 제시해준다. 설계사무소는 비용의 시뮬레이션에 능숙한 곳도 있고 그렇지 않은 곳이 있으니, 직접 각각의 비용을 물어보는 것이 낫다.

다음으로는 지을 집의 규모와 사양을 생각한다. 규모와 사양에 따라 대략적인 총액도 알 수 있다. 집의 총액과 본체 이외의 가격을 파악한 후에 땅에 지출할 수 있는 비용을 계산한다. 이렇듯 땅을 구하는 것은 가장 나중의 작업이다.

주택시공업체나 공무점에서 예산서를 줄 때 반영된 주택대출은 매달 가장 저금리 상태일 때의 지불을 예상해 시뮬레이션 한 경우가 대부분이니, 삼 년 후, 오 년 후, 십 년 후의 금리가 대략 어느 정도가 되고 그때 매달 지불액이 어떻게 달라질지도 파악해두는 것이 중요하다. 금리에 따라 매월 지불액이 달라진다. 최근에는 금융 플래너(의뢰자 가족에게 적합한 금융, 비용 시뮬레이션을 전문적으로 하는 사람)도 있으니, 전문가에게 상담하는 방법도 좋겠다.

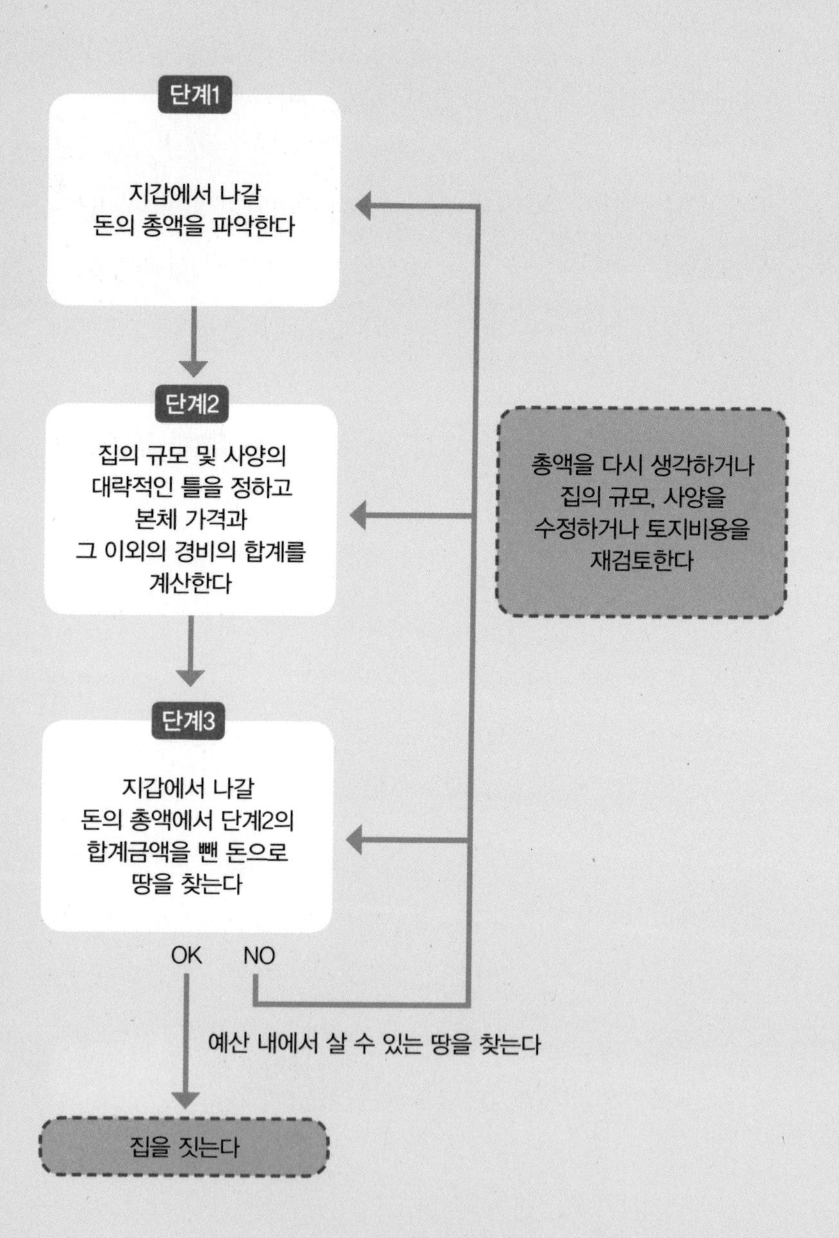
단계1
지갑에서 나갈
돈의 총액을 파악한다
단계2
집의 규모 및 사양의
대략적인 틀을 정하고
본체 가격과
그 이외의 경비의 합계를
계산한다
단계3
지갑에서 나갈
돈의 총액에서 단계2의
합계금액을 뺀 돈으로
땅을 찾는다
OK
NO
총액을 다시 생각하거나
집의 규모, 사양을
수정하거나 토지비용을
재검토한다
예산 내에서 살 수 있는 땅을 찾는다
집을 짓는다

집의 규모별로 알맞은 아이 방의 넓이와 기능은?

실제로 집을 계획할 때 고민스러운 부분이 바로 아이 방의 넓이다. 여기서는 집의 규모에 따라 아이 방의 넓이와 기능에 대해 이야기해보겠다. 이때 평수는 실제 집의 총바닥면적을 말한다(토지의 면적이 아니다). 더블 하이트(Double height) 부분과 포치, 발코니 등의 면적은 포함되지 않는다.

● 20평(66㎡)

이 정도 규모의 집은 2층 주택으로 2개의 방과 거실과 식당을 겸한 부엌이 있는 크기가 될 것이다. 1층에 거실과 식당을 겸한 부엌, 욕실이 있고 2층에 방이 두 개 자리하는 식이다. 이 경우 2층의 한 방이 아이의 방이 되는데, 아이가 둘일 때는 이층 침대를 활용하거나 방의 위아래 공간을 나누는 등 아이디어가 필요하다. 또 방의 기능도 침대와 옷장, 선반만 활용하는 심플한 형태가 될 것이다. 유럽식을 참고하여 1층의 거실과 식당을 겸한 부엌의 한 구석을 아이의 침실공간으로 만들어주는 것도 하나의 방법이다.

● 30평(99㎡)

2층집의 경우에는 8~9평 정도의 리빙 다이닝, 2.5~3평 정도의 개인실 세 개, 워크인 클로짓(Walk-in Closet, 사람이 직접 출입하여 물품을 꺼내거나 보관할 수 있는 수납실. 주로 의류의 수납을 위한 방을 말하지만, 식기, 기물 등을 넣는 방을 말하기도 함-역자) 등을 배치할 수 있을 것이다. 아이 방을 2.5평으로 할지 3평으로 할지에 따라 다른 공간의 크기에도 약간 영향을 준다. 기본적으로 침실의 기능을 심플하게 정리한다면 2.5평으로도 충분하다. 또 아이가 어릴 때는 이 두 개의 방을 연결해 사용하면 5~6평 정도가 되니 가족들이 같이 누워 잘 수도 있다. 거실 한 구석에 카운터식의 작업공간을 만들 수도 있다.

● 40평(132㎡)

2층집의 경우 10평 정도의 리빙 다이닝, 2.5평에서 3평 정도의 개인실 네 개, 워크인 클로짓 등을 만들 수 있다. 아이가 셋인 경우에 나이 차이가 많지 않으면 이 정도 크기의 집이 필요하다. 다만 아이들의 나이 차이가 여덟 살 이상 난다면 가장 큰 아이가 독립한 후에 막내에게 아이 방을 주는 식으로 정해 방의 수를 줄일 수도 있다.

또 세 개의 아이 방을 연결해 8평 정도를 한 번에 이용하는 구조나 아이 방 중 두 개를 하나로 만드는 것도 생각해볼 수 있다. 온돌방을 하나 확보하고 싶을 때는 네 개의 방 중에서 하나를 온돌로 하자. 플랜의 예에서 보듯이 작업 공간 또는 가족 공간을 리빙 다이닝과는 따로 3, 4평 정도의 크기로 확보할 수도 있다.

● 60평(198㎡)

2층집이라면 10평에서 13평 정도의 리빙 다이닝과 3평에 수납공간을 갖춘 개인실 네 개와 워크인 클로짓, 그리고 손님들을 위한 공간과 응접실 등 다목적실을 배치할 수 있을 것이다. 이 정도 규모가 되면 손님용 공간을 줄이거나 방의 수를 조정하면 4, 5평 정도의 아이 방을 만들 수도 있다. 또 작업공간을 3, 4평 정도 확보할 수도 있다.

최근에는 아이 방은 3평 정도로 만들고 집안에 독서실이나 영상, 음악실 등을 설치해서 아이들의 재능을 다각적으로 자극할 수 있는 구조를 추천하는 추세다. 풍수 등을 응용하면 각 방의 특징도 더 명확해질 것이다. 플랜의 예가 하나의 샘플이 될 수 있을 테니 상세한 내용은 플랜을 참고하자.

30평 플랜

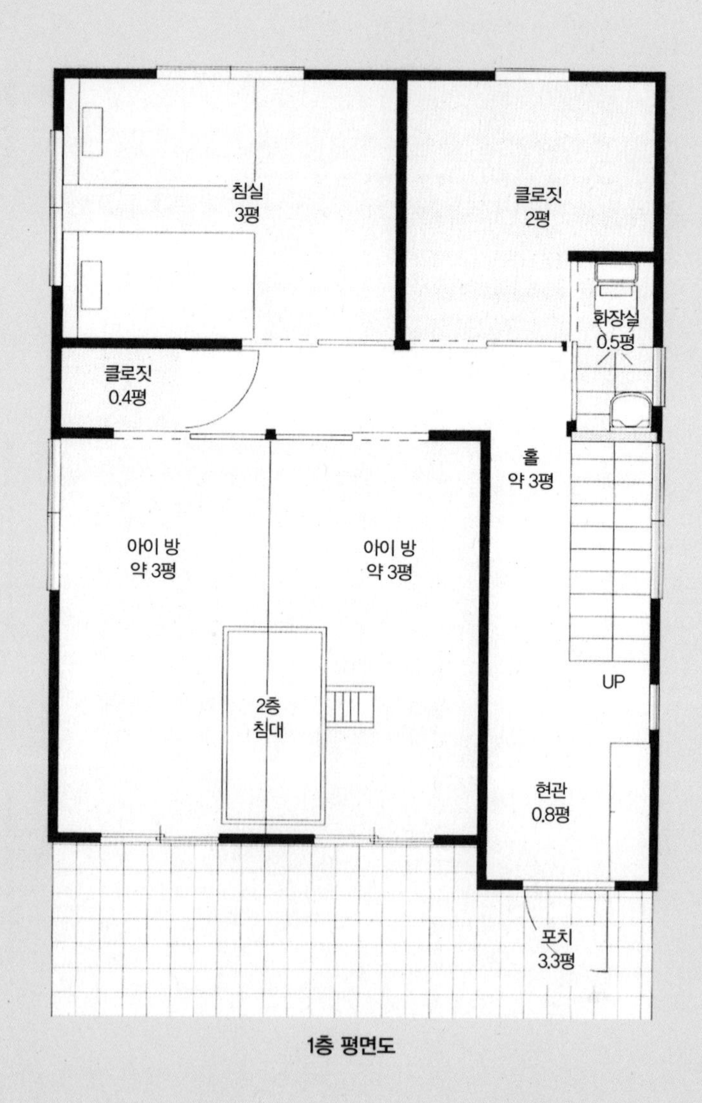
침실
3평
클로짓
2평
화장실
0.5평
클로짓
0.4평
홀
약 3평
아이 방
약 3평
아이 방
약 3평
UP
2층
침대
현관
0.8평
포치
3.3평

1층 평면도

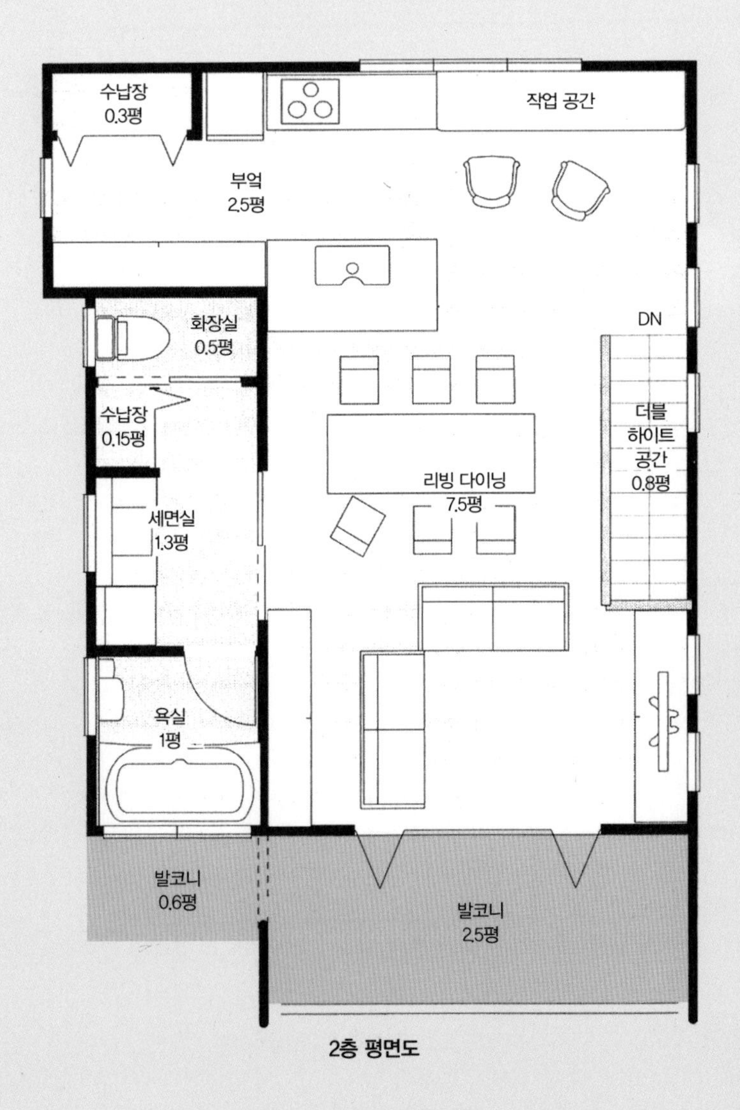
수납장
0.3평
작업 공간
부엌
2.5평
화장실
0.5평
DN
수납장
0.15평
더블
하이트
공간
0.8평
리빙 다이닝
7.5평
세면실
1.3평
욕실
1평
발코니
0.6평
발코니
2.5평

2층 평면도

40평 플랜

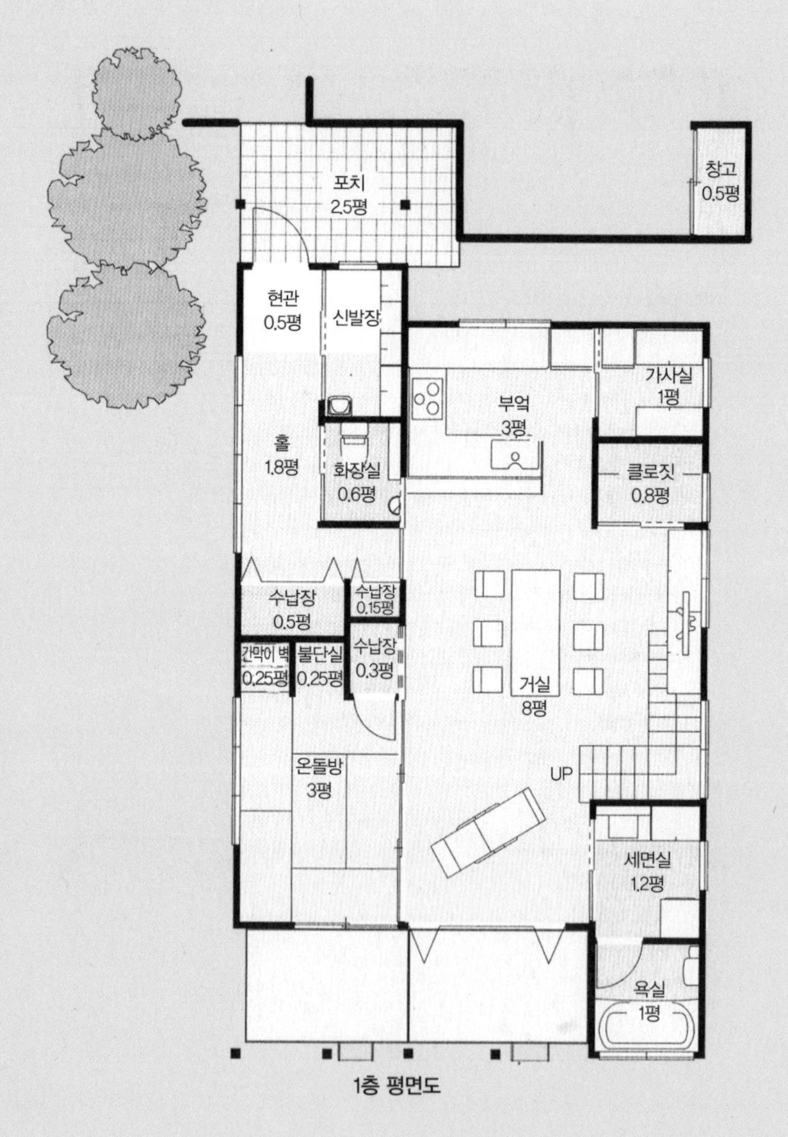

포치
2.5평
창고
0.5평
현관
0.5평
신발장
가사실
1평
부엌
3평
홀
1.8평
화장실
0.6평
클로짓
0.8평
수납장
0.5평
수납장
0.15평
간막이 벽
0.25평
불단실
0.25평
수납장
0.3평
거실
8평
온돌방
3평
UP
세면실
1.2평
욕실
1평

1층 평면도

2층 평면도

60평 플랜

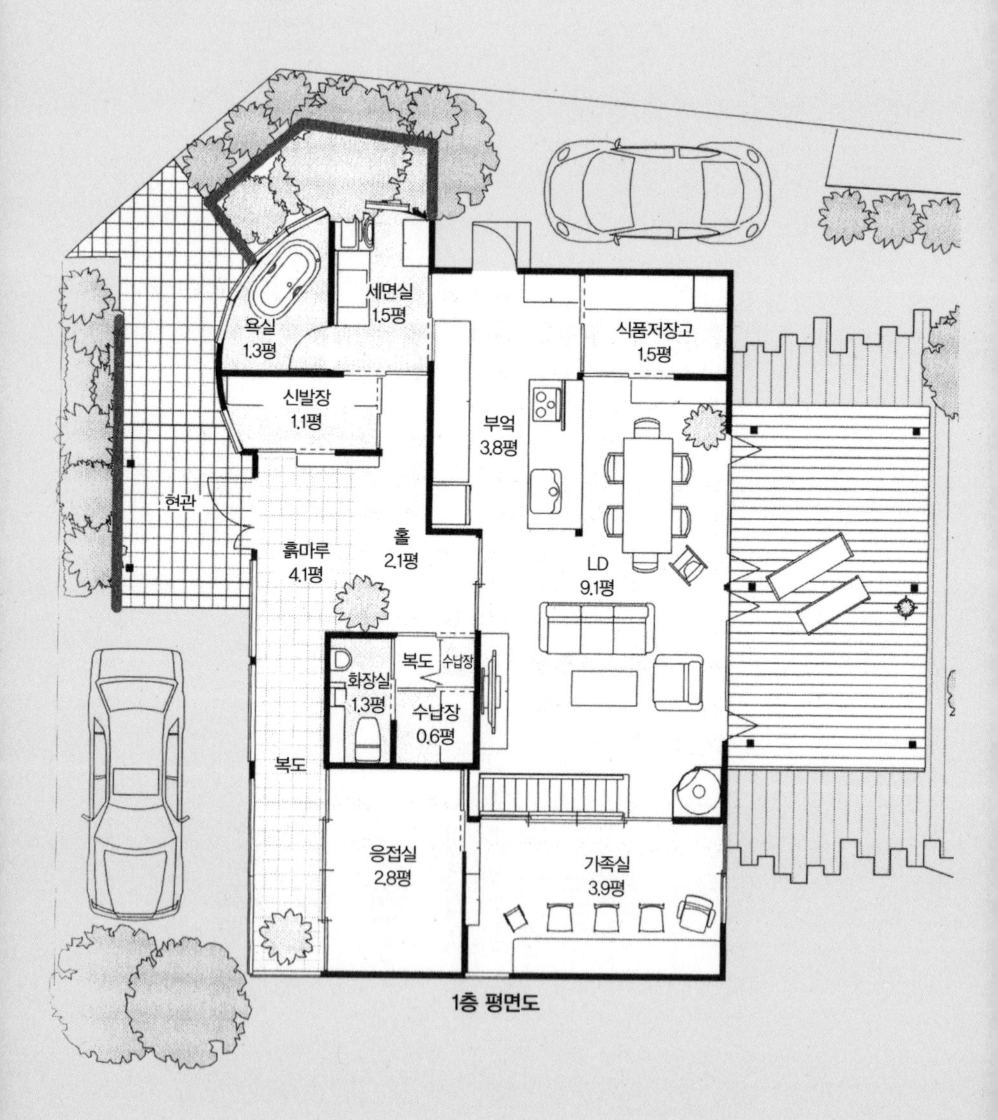

세면실
1.5평
욕실
1.3평
식품저장고
1.5평
신발장
1.1평
부엌
3.8평
현관
홀
2.1평
흙마루
4.1평
LD
9.1평
복도
수납장
화장실
1.3평
수납장
0.6평
복도
응접실
2.8평
가족실
3.9평

1층 평면도

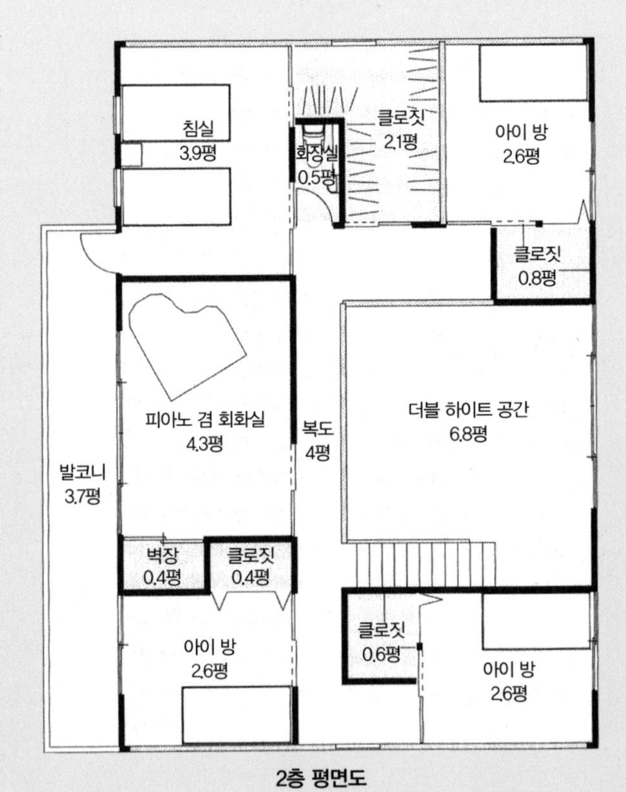
침실
3.9평
화장실
0.5평
클로짓
2.1평
아이 방
2.6평
클로짓
0.8평
피아노 겸 회화실
4.3평
복도
4평
더블 하이트 공간
6.8평
발코니
3.7평
벽장
0.4평
클로짓
0.4평
아이 방
2.6평
클로짓
0.6평
아이 방
2.6평

2층 평면도

에필로그

아이가 자신의 재능을 마음껏 펼칠 수 있는 집을 꿈꾸며

지금까지 건축사로 일하면서 집 짓기가 가족을 행복하게도, 또 불행하게도 만들 수 있다는 사실을 알게 되었다. '가족 구성원들의 인생에 집이 주는 영향이 이다지도 크단 말인가!' 하고 실감하는 순간이 많았다. 그래서 집 짓기를 원하는 가족들과 이야기하며 어떻게 하면 그들이 행복을 느끼는 집을 만들 수 있을지 늘 생각했다. 집이 완성되면 가족들의 얼굴에 미소가 번지는 것을 보고 건축사로서 일에 보람을 느끼고는 했다.

나의 경험과 건축 전문가들의 시행착오를 참고로 해 '양육'과 '주거환경'의 연관성을 정리할 수 있어서 감사할 따름이다. 독자들도 지금의 집을 되돌아보며 공부방이 아이에게 준 부정적인 영향이 무엇인지, 아이 방에 대한 바람과 집착이 얼마나 잘못된 것이었으며 아이가 진짜 원하는 방은 어떤 모습인지, 재능을 키워주는 집의 모습이란 결국 아이에 따라 제각각이라는 사실을 깨달았으리라 믿는다.

나에게는 꿈이 있다. '모든 가족이 행복해지고 아이들이 보다 마음껏 자신의 재능을 키울 수 있는 집을 만들어가는 것'이다. 이 책이 그를 위한 하나의 계기가 된다면 더 이상 바랄 것이 없겠다. 처음 책을 집필하기로 정했을 때 도쿄, 오사카, 히로시마를 중심으로 '아이들의 주거환경을 생각하는 모임'을 시작했다. 이 모임은 아이들의 주거환경에 관한 정보와 지식을 공부하고 아이들에게 맞는 집에 대해 함께 고민하고 대화하는 공동체다.

자녀가 있는 분들은 물론이고 아직 자녀가 없는 부부나, 손자 손녀가 있는 어르신들, 그리고 내용에 공감하는 공무점과 건축시공업체 분들, 정리정돈 전문가, 금융 전문가, 유아 완구 전문가 분들이 함께 수시로 모임을 갖고 있다. 그 밖에도 집 짓기 전반에 관해 '모두가 행복해지는 집 짓기'라는 메일 매거진을 발행하고 있다. 상세한 내용이 궁금한 분들은 keizo-office.com을 참조하시기 바란다.

나는 건축사로서 20년 가까이 일했다. 돌이켜 보면 20대에는 유럽을 비롯해 많은 곳의 건축물을 돌아보는 여행을 하고 건축계 거장의 제자로 들어가 디자인과 공간에 대해 공부했다. 또 30대에는 '가족이 행복을 실감하는 공간은 어떤 곳인가?'라는 주제에 대해 실제 집을 지으며 탐구해왔다. 40대가 되고 이러한 핵심내용을 실제 집 짓기와 함께 더 많은 사람에게 알릴 수 없을까를 생각하다 세미나를 하고 칼럼을 쓰는 등 적극적인 활동을 펼치고 있다.

그러다가 세미나나 직접 상담을 통해 "집에 대한 이야기를 더 일찍 들었으면 좋았을 것 같아요", "책으로 내실 생각은 없으신가요?"라는 반응을 접했다. 내가 책을 쓸 수 있을까 하고 망설였지만, 신기하게도 주변인들이 응원해주는 듯한 느낌에 결심을 굳혔다. 어렵게 세상에 내놓은 이 책이 당신이 고민하는 공간에 대한 고민에 큰 힌트를 줄 수 있기를 바란다. 마지막으로, 아이와 행복하게 살아갈 공간을 꿈꾸는 모든 부모가 지금보다 행복해지기를 바라면서 펜을 놓는다.

내 아이 천재로 키우는 공부방의 비밀

초판 1쇄 인쇄일 2015년 11월 30일 • 초판 1쇄 발행일 2015년 12월 4일
지은이 야노 케이조 • 옮긴이 황미숙
펴낸곳 도서출판 예문 • 펴낸이 이주현
기획 김유진 • 편집 박정화
디자인 김진디자인 • 영업 이운섭 • 관리 윤영조 · 문혜경
등록번호 제307-2009-48호 • 등록일 1995년 3월 22일 • 전화 02-765-2306
팩스 02-765-9306 • 홈페이지 www.yemun.co.kr
주소 서울시 강북구 미아동 374-43 무송빌딩 4층

ISBN 978-89-5659-294-7(03590)